里下河腹部地区
湖泊湖荡水生态治理

陈长奇　　毛媛媛　　陈　诚
喻君杰　　苏长城　　张　明　著

河海大学出版社
HOHAI UNIVERSITY PRESS
·南京·

图书在版编目（ＣＩＰ）数据

里下河腹部地区湖泊湖荡水生态治理 / 陈长奇等著
. -- 南京：河海大学出版社，2022.12
ISBN 978-7-5630-7929-2

Ⅰ．①里… Ⅱ．①陈… Ⅲ．①湖泊－水环境－环境综
合整治－江苏 Ⅳ．①X524

中国版本图书馆 CIP 数据核字（2022）第 252075 号

书　　名	里下河腹部地区湖泊湖荡水生态治理
书　　号	ISBN 978-7-5630-7929-2
责任编辑	章玉霞
文字编辑	杨　洋
特约校对	袁　蓉
装帧设计	徐娟娟
出版发行	河海大学出版社
地　　址	南京市西康路 1 号（邮编：210098）
电　　话	（025）83737852（总编室）
	（025）83722833（营销部）
经　　销	江苏省新华发行集团有限公司
排　　版	南京布克文化发展有限公司
印　　刷	广东虎彩云印刷有限公司
开　　本	880 毫米×1230 毫米　1/32
印　　张	8.125
字　　数	232 千字
版　　次	2022 年 12 月第 1 版
印　　次	2022 年 12 月第 1 次印刷
定　　价	108.00 元

前　言

　　里下河地区地处淮河流域下游,江苏省中部,南临长江,东濒黄海,总面积 2.30 万 km²,占江苏省国土总面积的 22%,是江苏重要商品粮生产基地,苏北重要粮仓,国家南水北调东线、江苏江水北调东引的重要输水通道。里下河是典型的平原河网地区,河网密布,圩网成群,湖荡渠系纵横交错,生态系统多样性丰富,是极具水乡特色和生态价值的区域。里下河地区湖泊湖荡集中分布在里下河腹部地区,属于江苏省省管湖泊之一,由射阳湖、大纵湖等 39 个湖泊湖荡组成,是区域主要洪涝滞蓄和水资源调配的湖泊群,对保障区域防洪安全、供水安全和维系生态平衡具有重要作用。长期以来由于过度开发,圈圩和围网养殖严重,自由水面减少,存在湖泊湖荡面积萎缩、水生态环境严重退化、调蓄功能丧失等问题。近年来,水利部门持续推进里下河地区退圩还湖和综合治理,恢复了部分湖泊湖荡自由水面,生态环境得到明显改善。里下河地区地处国家沿海经济带、淮河生态经济带、江苏江淮生态经济区等重要战略交汇区,为了贯彻生态文明建设要求,推动幸福河湖建设,打造“水韵江苏”样板,促进区域经济社会高质量发展,里下河腹部地区湖泊湖荡生态治理面临新的形势与需求。摸清里下河腹部地区湖泊湖荡水生态环境状况,甄别其生态环境影响因素,探索生态治理布局与生态修复措施,可为平原水网区湖泊湖荡治理和保护提供重要技术支撑。

　　本书从里下河腹部地区湖泊湖荡基本情况、水生态环境现状、生态胁迫因子及其主要影响机制、生态治理布局与措施、生态修复典型工程设计等方面进行编写,全书共分 11 章,各章主要编写人员如下:

第 1 章由陈长奇、毛媛媛、何欣霞等执笔,第 2 章由毛媛媛、张颖、陈诚、卢知是等执笔,第 3 章由陈诚、张明、兰林等执笔,第 4 章由毛媛媛、陈诚、董建玮、吴峥等执笔,第 5 章由陈求稳、苏长城、陈诚等执笔,第 6 章由喻君杰、何梦男、张明、朱大伟等执笔,第 7 章由张颖、林育青、陆楠、卢知是等执笔,第 8 章由陈诚、李港、何梦男等执笔,第 9 章由兰林、张明、陆楠、吴铮等执笔,第 10 章由朱大伟、兰林、陈诚等执笔,第 11 章由陈长奇、陈诚等执笔。

里下河湖泊湖荡生态治理是一项系统工程,涉及退圩还湖、水环境治理、河湖水系连通、生态修复等多个方面。未来需要系统深入研究湖泊湖荡生态功能与防洪除涝、水资源供给功能关系,从区域河网水系综合治理出发,优化湖泊湖荡生态修复布局与措施,为有效发挥湖泊湖荡综合功能提供支撑。书中存在的欠妥和不足之处敬请读者批评指正。

需要特别说明的是,本书涉及研究成果是在南京水利科学研究院、江苏省水利工程规划办公室、江苏省水利勘测设计研究院有限公司等多家单位的共同努力下完成的,本书的出版得到了国家自然科学基金(52121006、52279071)和江苏水利科技项目(2016021、2017012)的资助,谨此表示感谢。

目　录

第一章

绪论

1.1 概述

里下河地区地处淮河流域下游,是江苏省重要的商品粮生产基地,苏北重要粮仓,国家南水北调东线、江苏江水北调东引的重要输水通道,是沿海开发战略重点地区和江苏最具发展潜力的地区。里下河是典型的平原河网地区,区域河网密布,圩网成群,湖荡渠系纵横交错,水情、工情复杂,长期以来,既有外部洪水、潮水威胁,又有区域性洪涝并袭,供水高峰期水资源供给能力不足,加上水生态环境问题凸显,一直是江苏水利治理的重点与难点地区。新中国成立以来,经过70余年持续不断的水利治理,里下河地区基本形成了相对独立的引排体系,河网布局逐步完善,区域防御洪涝能力和水资源供给能力不断提升。里下河腹部地区湖泊湖荡是淮河下游里下河地区主要洪涝滞蓄和水资源调配的湖泊群,对调蓄洪水、涵养水源、维持生态具有重要作用。长期以来,由于过度开发造成湖泊湖荡面积萎缩、调蓄能力衰减、水生态环境退化等问题。近年来,按照生态文明建设要求和湖泊湖荡保护需求,依据相关规划,推进实施了湖泊湖荡退圩还

注:1. 本书计算数据或因四舍五入原则,存在微小数值偏差。

　　2. 1亩≈666.7 m²。

　　3. 1里=500 m。

湖工程,恢复了部分自由水面,改善了生态环境,优化了临湖产业格局,发挥了湖泊湖荡的经济、社会、生态等综合效益。

本书围绕里下河腹部地区湖泊湖荡水生态治理开展相关技术研究。在全面调查评价里下河地区湖泊湖荡水生态现状基础上,识别湖泊湖荡生态胁迫因子及其主要影响机制,构建湖泊湖荡生境模型,评价生境质量。开展湖泊湖荡生态功能定位及空间分类研究,进行湖泊湖荡区域水生态系统健康的综合分析,提出湖泊湖荡总体整治格局和水生态修复措施方案。

湖泊湖荡水生态现状调查与评价,综合考虑湖泊湖荡的特性、空间位置等要素,确定水质水生态监测方案及采样点位,收集相关历史数据和研究文献,识别水生态健康的主要影响指标,开展里下河腹部地区湖泊湖荡水质水生态现状监测调查,评价湖泊湖荡的水质、水生态现状以及营养状态。

湖泊湖荡生态胁迫因子及其影响机制研究,分析指示性生物与水环境因子的响应关系,识别生境健康主要影响因子,收集长时间序列的 Landsat 遥感数据,分析里下河地区湖泊湖荡景观格局时空演变,研究湖泊湖荡生态退化过程、典型类型及主要影响机制。建立湖泊湖荡生境模型,综合评估湖泊湖荡生境质量,为湖泊湖荡分类研究提供依据。

湖泊湖荡空间分类研究,根据里下河地区湖泊湖荡地理位置、开发利用状况、生态环境问题,结合其防洪、除涝、供水、生态等功能需求,开展湖泊湖荡生态功能重要性排序及主体功能识别,明确湖泊湖荡生态功能分类,体现各自特征与功能需求,提出分类治理的目标。

湖泊湖荡总体整治格局研究,构建基于"压力-状态-响应"(PSR)的湖泊湖荡区域水生态系统健康综合分析方法体系,全面分析区域水生态系统健康状况。依据里下河湖泊湖荡分类与相应治理目标,综合防洪、供水、生态等功能布局,提出湖泊湖荡整治的目标、原则以及生态治理总体格局。

湖泊湖荡生态修复技术措施,针对里下河地区湖泊湖荡分类,基于典型湖泊湖荡生态修复措施研究,有针对性地提出退圩还湖、水动力提升、水质净化、水生态空间优化的综合技术措施。

1.2　国内外研究进展

1.2.1　湿地生态系统健康评价

（1）生态系统健康评价的产生

1788 年,"自然系统健康"这一名词首次被苏格兰生态学家 James Hutton 提出,表明地球生态系统是一个完整且巨大的有机体,并在一定程度上具有自我调节能力和自我恢复能力。"生态系统健康评价"一词,起源于 1941 年英国研究学者 Leopold 提出的关于土地健康的概念,后来将此概念推广到景观健康研究中。20 世纪 70 年代,随着生态学的迅速发展,生态系统健康逐渐在各类生态系统研究中出现。80 年代,加拿大学者 Schaeffer 等在未明确定义生态系统健康含义的前提下,首次提出了生态系统健康度量的观点。到 80 年代末,众多学者开始对生态系统健康内涵给出不同的理解,分别从不同角度定义了生态系统健康。随后 Rapport 等全面概括了生态系统健康的定义,用于进行生态系统健康评价。90 年代,随着对生态系统健康重要性的不断认识,生态系统健康评价逐渐受到学者关注,国内外对于生态系统健康的评价迅速展开。

（2）湿地生态系统健康评价的发展

生态系统健康评价是较新的研究领域,尚未形成一套成熟的研究方法,许多学者通过借鉴水资源和水环境的评价方法,评价生态系统健康,对于湿地生态系统健康评价亦是如此。湿地生态系统健康评价总体经历了 3 个阶段:水质理化指标—指示物种法—综合评价体系。

① 水质理化指标

20 世纪 90 年代初,水质理化指标多运用于湿地生态系统健康评价,例如总氮(TN)、总磷(TP)、溶解氧(DO)和 pH 值等一个或多个指标。虽然该方法的评价指标易获取,但水质理化指标仅反映湿地水质情况,并不能代表湿地整体生态系统健康状况。

② 指示物种法

90 年代中期,指示物种法通过对关键物种、特有物种及珍稀物种等代表性物种进行采集和鉴定,并利用指示物种的数量、生理特性及生态功能等指标评价湿地生态系统健康状况。常用指示物种包括浮游植物、浮游动物、底栖动物及鱼类,这些指示物种的部分种类对水环境变化极为敏感。该方法简单易操作,多适用于受外界影响较小的生态系统,但未考虑人类和社会因素,难以全面反映整个湿地生态系统的健康状况。

③ 综合评价体系

90 年代末,综合评价体系在水质理化指标和指示物种法的单一评价指标基础上,增加了多种反映湿地生态系统间相互作用和影响的评价指标。Raven 等学者利用 IBI、RCE、ISC、RHS、RHP 等多指标评价方法,综合了水质、浮游生物、物理生境、物理形态、河岸质量、水文水情、休闲娱乐等指标评价湿地生态系统健康。在此基础上,概要法、Level Ⅱ 水平的快速评价法、Level Ⅲ 水平的水文地貌法和生物完整性指数法成了较为有效的健康评价方法。随着对评价体系的不断深入和探索,结合生物学、环境学、生态学、毒理学、湖沼学、生态经济学等众多学科的评价体系被广泛用于度量湿地的生态系统健康。由于景观生态学这一新兴学科在国内的逐步发展,陈丽珍等和武兰芳等运用景观格局指数量化表征景观格局演变,并发现土地利用的变化是影响区域生态系统健康的重要因素,由此建立了"活力-组织结构-恢复力"评价指标体系。

狭义的湿地生态系统健康仅考虑湿地组分完整性、环境优劣性及功能完整性等自身状态,广义的湿地生态系统健康不仅考虑了湿地自身状态,还考虑到人类活动对湿地的影响。结合生态学领域众多学者的研究成果,湿地生态系统健康主要受到自然因素和人为因素的影响,其中自然因素包括温度、降雨、水位等因子的变化,也包括地形变化等因素。人为干扰因素主要涉及工业与生活污水的排放、农药和化肥的大量使用、耕地面积与围圩、养殖规模的不断扩大等各方面,这些因素均是在较短时间尺度内影响湿地生态系统健康的关键因子。

近年来,压力-状态-响应(PSR)模型能反映人类和生态环境之间的相互关系,较多学者已运用基于该模型的综合评价指标体系进行湿地生态系统健康综合评价。压力指标多选用人口密度、人类干扰强度和景观格局指数等代表人类活动强度;状态指标采用水质达标率、生物密度等表征湿地状态;响应指标则依据区域生态恢复状态选择适宜指标,例如保护范围划定率和自然景观恢复面积等。生态系统服务功能表明人类和环境相互提供的效益,但 PSR 综合评价模型中鲜有相关指标。针对湿地生态系统服务功能的相关指标,肖明等和刘志伟等众多学者利用 InVEST-Biodiversity 模块分别对昌化江下游和杭州湾湿地的湿地生境退化程度、生境质量状况进行评价,进而对湿地生态系统服务功能进行评价。

当前,综合评价体系被广泛运用于湿地生态系统健康评价,尤其是基于 PSR 模型的湿地生态系统健康综合评价模型,其指标选取较全面,且各项指标通过调查、统计、实验均可获得,但目前评价指标中尚缺乏对生态系统自身服务功能的反映。

1.2.2　湿地空间格局优化

(1) 空间格局优化的产生

20 世纪 50 年代,欧洲土壤学家率先开展了土地评价工作。到了 60 年代,Warntz 等基于生态过程的研究,提出了构建生态安全格局的方法,开始形成格局优化的思想。联合国粮食及农业组织(FAO)在 70 年代曾多次组织发展中国家对土地评价进行调研,并在 1976 年出版了《土地评价纲要》,基于土地利用评价与宏观规划,服务于土地利用规划,在较小尺度上为特定的景观类型进行土地利用优化。随后 David 等学者在土地利用评价基础上，提出了土地资源优化配置方案。80 年代可持续发展理念的提出，使土地资源的可持续利用成为世界关注的热点。90 年代，空间格局优化在生态规划、土地科学与计算机技术的基础上提出，以实现生态系统的稳定、平衡及可持续发展，其本质是利用景观生态学原理解决土地利用不合理的问题。

（2）湿地空间格局优化的发展

研究初期，众多学者主要针对城市的空间格局进行优化，并结合土地利用规划政策和优化模型展开大量研究。Chuvieco 等学者通过对线性规划模型与地理信息系统技术相结合的理论进行探讨，基于土地适宜性分析，实现了土地资源的优化配置。Eastman 等学者提出了一种基于栅格的土地利用优化配置算法，该算法通过模拟空间优化过程以解决土地利用规划问题。杨桂山和徐昔保等学者基于元胞自动机原理（CA）进行土地利用的格局反演并基于遗传方法（GA）进行复杂空间优化，从而构建了全新的城市土地利用空间优化模型。高小永等采用多目标的蚁群算法实现土地利用空间优化。目前，对于城市的空间格局优化研究已较为成熟。

由于人类对湿地景观的强烈干扰，在湿地生态修复的基础上，逐渐转向对湿地空间格局优化的研究。湿地空间格局优化是指结合湿地的水环境现状及其水生态系统与其他生态系统之间的协调关系，运用地理信息系统的空间分析技术与优化算法相结合的方法，依据其他生态系统对湿地的需求，对区域内的湿地格局进行空间上的合理布局，对湿地重要保护区域实现湿地恢复；而对于资源开发区域，则需合理利用周边环境，打造良好的生态环境，最终实现湿地空间格局的合理布局，进而有效发挥湿地的生态功能。

湿地空间格局优化在国外主要集中于优化方法的研究。Gerakis 等学者为了验证人工湿地的水质，采用优化的方法对湿地的水源进行了净化处理。Meghna 等学者以沼泽湿地景观格局为目标函数，运用多目标的算法，对沼泽湿地空间格局恢复进行优化，以实现沼泽湿地空间分布的优化。Knaapen 等学者以生态过程的作用机制为基础,通过模拟不同景观斑块类型下的生态过程,提出了累积耗费距离模型,为有效模拟景观格局与生态过程的空间关系提供了有效的方法。总体来说,空间格局优化的方法主要包括线性规划法、多目标规划、灰色系统规划、模糊数学法及系统动力学仿真等。

20 世纪 90 年代,我国学者肖笃宁、俞孔坚等借鉴国外优化理论和方法,在此基础上进行归纳总结并延伸,由此国内逐渐开展关于湿地空间格局优化的研究。王瑶等运用最小累积阻力模型优化湿地景观保护区,并将景观保护区分级进行景观可达性研究。Liu 等以卫星图像为基础,采用景观格局指数、动态指数、景观梯度和网格模型对南四湖湿地分布进行分析。夏宏生等学者以人工沼泽湿地为研究对象,从水力学的角度出发,系统性地分析了潜流沼泽湿地横截面的面积、表面积、水深等设计参数。孙贤斌等学者采用遥感与地理信息系统技术,对位于江苏省盐城市滨海地区的沼泽湿地的景观服务能力进行了一系列的定量分析,并在此基础上,采用阻力面模型分析了该地区沼泽湿地的景观格局优化方案。赵景柱等学者基于景观服务能力概念,通过选取适宜的景观格局指标,对以乌溪流域为试验区的流域内沼泽湿地的空间格局优化进行了分析。

总体而言,空间格局优化的研究多针对城市和土地利用,目前湿地的相关研究还处于对沼泽湿地和人工湿地的研究阶段,从湿地格局优化理论、技术方法、工程实施等方面对湿地进行空间格局的优化研究还需进一步探索,尤其针对湖泊湖荡等湿地的空间格局优化布局研究十分匮乏。同时,目前的空间格局优化研究均为运用适宜的方法对研究区格局进行优化,但优化成果是否适宜该地区水生态环境与社会经济发展的需求还有待商榷。因此,基于湖泊湖荡的功能和保护需求,开展空间格局优化研究,为湖泊湖荡治理和可持续利用提供技术支撑,具有重要的学术和应用价值。

第二章

里下河腹部地区湖泊湖荡概况

2.1 里下河地区

2.1.1 自然地理

里下河地区地处淮河下游的江苏省中部,位于里运河以东、苏北灌溉总渠以南、328 国道及如泰运河以北,总面积 23 022 km²,涉及盐城、泰州、扬州、淮安、南通 5 市 18 县(市、区)(图 2.1-1)。根据地形和水系特点,以通榆河为界,分为里下河腹部地区和沿海垦区两部分,沿海垦区以斗龙港为界,分为斗南垦区和斗北垦区两片,腹部和斗北垦区为里下河洼地。

里下河腹部地区面积 11 722 km²,为江淮平原的一部分,由长江、淮河及黄河泥沙长期堆积而成,四周高,中间低,呈碟形,俗称"锅底洼"。地面高程 2.5 m 以下的面积占全区总面积 59%,高程 3.0 m 以下占 80.2%。其中,沿里运河、沿总渠自流灌区面积 2 340 km²,地面高程 2.5 m 以下占 4.1%,3.0 m 以下占 28.0%;原洼地圩区总面积 9 382 km²,地面高程 2.0 m 以下占 40.1%,2.5 m 以下占 72.6%,3.0 m 以下占 93.2%,详见表 2.1-1。中部水面被分割成许多大小不等的湖荡沼泽,射阳湖和大纵湖周围湖滩地面高程 1 m(废黄河基面,下同)左右。由湖滩向盆地外缘地势渐高,地面高程为 3~5 m,淮安市淮安区、扬州市江都区附近地面高程 6~7 m,长江

图 2.1-1 里下河地区位置示意图

北岸沙嘴与黄淮三角洲沙嘴地面高程在 5 m 以上。

沿海垦区位于通榆河以东地区,总面积 9 620 km²,地面高程在 2.5 m 以下的面积占全区的 46.6%,高程在 3.0 m 以下的面积占 55.7%。据历史记载,在江淮平原东侧的岸外沙堤形成以后,才逐步淤涨而成。射阳河口以北属废黄河三角洲平原,射阳河至北凌河口为滨海平原,北凌河至如泰运河口东安闸属长江三角洲平原。该地区地势较为平坦,从东南向西北缓慢倾斜,以斗龙港为界,地形南高北低,斗南地面高程在 3.0 m 以上,弶港附近地面高程在 5.0 m 左右;斗北地区高程在 2.0 m 左右,射阳河下游地面高程最低处不足 1.0 m,是江苏平原最低部分。

表 2.1-1　里下河地区不同地面高程面积表

地面高程 (m)	腹部地区		沿海垦区		合计	
	面积(km²)	占比(%)	面积(km²)	占比(%)	面积(km²)	占比(%)
1.5 以下	1 669.0	14.2	952.2	8.4	2 621.2	11.4
1.5～2.0	2 095.7	17.9	1 978.6	17.5	4 074.3	17.7
2.0～2.5	3 144.6	26.8	1 546.8	13.7	4 691.4	20.4
2.5～3.0	2 489.9	21.2	1 722.4	15.3	4 212.3	18.3
3.0 以上	2 322.8	19.9	5 100.0	45.1	7 422.8	32.2
合计	11 722	100	11 300	100	23 022	100

2.1.2　水文气象

里下河地区气候处于亚热带向温暖带过渡地带,具有明显的季风气候特征,日照充足,四季分明。年平均气温为 14～15℃,无霜期为 210～220 天。年均降水量为 1 000 mm。汛期降雨量集中,6—9月降雨量约占全年的 65% 左右,降水量年际变化也较大,最大年降水量为 1 858.9 mm(1991 年),最小年降水量为 478.0 mm(1978年)。年平均蒸发量约为 960 mm。影响该地区雨涝的天气系统主要是梅雨和台风雨。梅雨主要发生在每年 6、7 月间,来自海洋的暖湿气流与北方南下的冷空气在江淮地区遭遇,形成持续阴雨。1954年、1991 年、2003 年、2006 年、2007 年里下河地区暴雨均为梅雨。台风雨主要发生在 8、9 月份,沿海台风登陆带来区域降雨,1962 年区域暴雨为台风雨,1965 年为梅雨接台风暴雨。长历时少雨带来的持续干旱也时有发生,1966 年、1978 年、1992 年、1994 年、1997 年、2013 年里下河地区发生了不同程度的干旱。

2.1.3　河网水系

里下河是典型的平原河网地区,区内河湖纵横交错,圩网密布,水利工程众多。经过新中国成立后 60 多年的持续治理,里下河地区已形成相对独立、完整的引排水系,列入《江苏省骨干河道名录(2018 年修订)》的河道共有 153 条,其中流域性河道 6 条,分别为泰州引江河、新通扬运河泰西段、三阳河、潼河、泰东河、通榆河;区域性骨干河道 34 条,形成以"五纵六横"为骨干的河网水系。"五纵"为:① 三阳河接大三王河、蔷薇河、戛粮河至射阳河,② 泰州引江河接卤汀河、下官河、沙黄河至黄沙港,③ 卤汀河接茅山河、西塘河、东涡河至新洋港,④ 新通扬运河接姜溱河、盐靖河、冈沟河至新洋港,⑤ 泰东河接通榆河;"六横"为:① 白马湖下游引河穿射阳湖荡区经杨集河、潮河接射阳河,② 宝射河接黄沙港,③ 潼河穿大纵湖接蟒蛇河、新洋港,④ 兴盐界河接斗龙港,⑤ 北澄子河接车路河、川东港,⑥ 新通扬运河接栟茶运河。

里下河地区既有外部流域性洪水和海潮威胁,又有内部区域性洪水危害,历史上是流域洪水走廊,里运河东堤建有归海五坝。当洪泽湖水位涨到一定高度时,开坝分泄淮河洪水入海,里下河地区成为一片泽国。新中国成立后,从挡御洪水、潮水入手,加固洪泽湖大堤,开挖灌溉总渠,修筑海堤,加固里运河堤防,成为防御淮河洪水以及海潮侵袭的外围屏障,又对通扬公路沿线进行了封闭,挡住通南地区高地水入境,使里下河地区形成一个相对独立封闭的水系。目前,腹部地区形成了以射阳河、新洋港、黄沙港、斗龙港、川东港等五港自排入海为主,以江都站、高港站、宝应站分别通过新通扬运河、泰州引江河、潼河抽排入江为辅的排水体系。沿海垦区均建闸控制,既是排泄里下河腹部洪涝水的入海通道,又按地面高程分为夸套、运棉河、利民河、西潮河、大丰斗南、东台堤东、斗南南通等 7 个区域,形成 22 个独立自排区自排入海。

里下河地区,除沿运河和沿总渠自灌区由江水北调供水,栟茶运河与如泰运河之间地带的水源由长江九圩港引水口门供给外,其余均属于江水东引供水区。供水工程体系主要由"两河引水、三线输水"组成。"两河"为新通扬运河和泰州引江河,分别从江都枢纽和高港枢纽引江,现状自流引江能力分别为 550 m³/s、600 m³/s。"三线"分为东、中、西三线,"东线"由泰东河、通榆河组成,主要向沿海垦区和渠北滨海、响水地区供水,并相机向连云港供水;"中线"由卤汀河分别接下官河—黄沙港、上官河—新洋港组成,是里下河腹部提升全区河网水位、沿程向通榆河补水的主要线路;"西线"由三阳河、大三王河、蔷薇河、夏粮河接射阳河组成,主要向沿运、沿总渠自灌区尾部和盐城北部供水。

里下河腹部低洼地区分布有众多的浅水湖泊湖荡,根据江苏省政府办公厅公布的《江苏省湖泊保护名录(2021 修编)》,里下河腹部地区湖泊湖荡属于 28 个省管湖泊之一,包括白马荡、大纵湖、得胜湖、东荡、官垛荡、广洋湖、九里荡、癞子荡、兰亭荡、林湖、射阳湖、王庄荡、蜈蚣湖及蜈蚣湖南荡、洋汊荡、獐狮荡等 15 个湖泊湖荡和里下河湖泊群(由菜花荡、陈堡草荡、崔印荡、东潭、耿家荡、郭正湖、花粉荡、官庄荡、刘家荡、龙溪港、绿草荡、绿洋湖、内荡、琵琶荡、平旺湖、沙村荡、沙沟南荡、司徒荡、唐墩荡、乌巾荡、喜鹊湖、夏家荡、夏家汪、兴盛荡 24 个湖泊湖荡组成)。里下河湖泊湖荡保护范围面积 648.6 km²,现状自由水面面积 58.5 km²,主要包括喜鹊湖、大纵湖、广洋湖、兰亭荡、平旺湖、得胜湖、蜈蚣湖及南荡、陈堡草荡等退圩还湖恢复的自由水面范围。

里下河地区河网水系图见图 2.1-2。

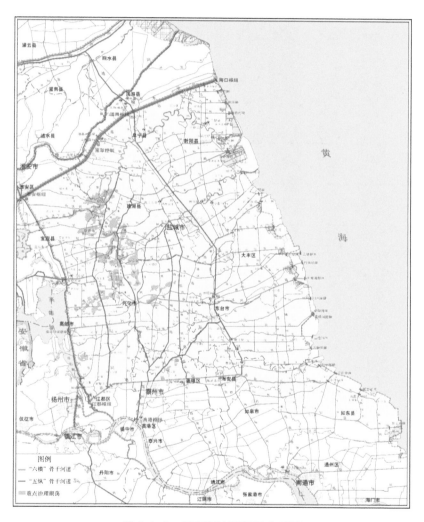

图 2.1-2 里下河地区河网水系图

2.1.4　水生态环境

2018 年监测的里下河地区 88 个河道水功能区中,全因子评价达标的水功能区共 33 个,达标率 37.50%;双因子评价达标的水功能区共 70 个,达标率 79.55%。主要超标因子为高锰酸盐指数(COD_{Mn})、氨氮(NH_3-N)、化学需氧量(COD)、溶解氧(DO)、总磷(TP)等。水功能区水质达标现状情况如表 2.1-2 所示。

表 2.1-2　里下河水功能区水质达标情况表

类别	个数	水质达标个数（全因子）	水质达标率（全因子）	水质达标个数（双因子）	水质达标率（双因子）
保护区	11	9	81.82%	10	90.91%
保留区	5	4	80.00%	5	100.00%
饮用水源区	21	3	14.29%	15	71.43%
工业用水区	9	5	55.56%	7	77.78%
渔业用水区	13	3	23.08%	11	84.62%
景观娱乐用水区	4	2	50.00%	3	75.00%
过渡区	2	0	0.00%	0	0.00%
排污控制区	1	0	0.00%	1	100.00%
农业用水区	22	7	31.82%	18	81.82%
合计	88	33	37.50%	70	79.55%

根据《2018 年里下河腹部地区湖泊湖荡管理年报》,里下河地区目前有 4 个湖泊湖荡列入全省水功能区,包括喜鹊湖姜堰景观娱乐用水区、大纵湖兴化渔业用水区、蜈蚣湖兴化渔业用水区、得胜湖兴化渔业用水区,水功能区水质目标均为Ⅲ类。里下河腹部地区湖泊湖荡中大纵湖和射阳湖的水质主要超标项目为总磷、总氮。全湖区总磷浓度总体呈先上升后下降趋势,1～3 季度水质类别均为Ⅳ类,第 4 季度水质类别均为Ⅲ类。总氮浓度总体呈下降趋势,1～3 季度水质类别均为劣Ⅴ类,第 4 季度水质类别均为Ⅲ类。全湖区营养化

指数波动不大,介于 53.0 与 58.9 之间,1～4 季度均为轻度富营养化。

里下河腹部地区湖泊湖荡生态系统类型为湿地水网生态系统,生物类型主要为浮游生物——滤食鱼类。例如 2018 年 5 月调查显示:大纵湖水生高等植物共计 10 种,分别隶属于 8 科。按生活型计,挺水植物 4 种,沉水植物 2 种,浮叶植物 2 种,漂浮植物 2 种,其中绝对优势种为挺水植物喜旱莲子草和芦苇。2018 年 8 月大纵湖水生高等植物共计 10 种,分别隶属于 9 科。按生活型计,挺水植物 3 种,沉水植物 4 种,浮叶植物 1 种,漂浮植物 2 种,其中绝对优势种为挺水植物芦苇和喜旱莲子草。

里下河腹部地区湖泊湖荡主要鱼类有鲤科、鮠科、鳅科等。鲲科、银鱼科、鲤科、鲶科等鱼类是养殖、捕捞对象,其中鲤、鲫、草、青、鲢、鳙、鲂鱼等占有较大比例。目前大面积围网养殖是主要的渔业模式,以四大家鱼、虾、蟹、鳗鲡、黄鳝、黄颡鱼、鳜鱼等为主。里下河腹部地区湖泊湖荡主要动物有白天鹅、丹顶鹤、白沙鸥、湖燕、柴雀、海狸鼠、黄鼠狼、豹猫、猪獾等。水生动物有甲壳类、爬行类、贝壳类、鱼类。

2.1.5 饮用水水源地

里下河地区饮用水水源地共有 8 个,主要分布在泰东河、通榆河等江水东引供水河道上,供水能力 160 万 m^3/d;应急供水水源地 4 个,供水能力 68 万 m^3/d,里下河地区集中式饮用水水源地情况见表 2.1-3。

表 2.1-3 里下河地区集中式饮用水水源地名录

水源地名称	供水能力(万 m^3/d)
盐城市蟒蛇河盐龙湖水源地	60.0
大丰区通榆河刘庄水源地	25.0
阜宁县通榆河北陈水源地	10.0
射阳县射阳河明湖水源地	10.0

水源地名称	供水能力（万 m^3/d）
建湖县西塘河颜单水源地	10.0
建湖县戛粮河建阳水源地	10.0
东台市泰东河西溪水源地	30.0
阜宁县潮河公兴水源地	5.0
盐城市通榆河伍佑应急水源地	30.0
兴化市通榆河合陈应急水源地	5.0
兴化市下官河缸顾应急水源地	3.0
兴化市卤汀河周庄应急水源地	30.0

2.1.6 生态空间

（1）清水廊道

根据江苏省人民政府于 2018 年印发的《江苏省国家级生态保护红线规划》，里下河腹部地区涉及的清水廊道详见表 2.1-4。

表 2.1-4 里下河腹部地区清水廊道维护区名录

清水廊道维护区	归属地	位置	涉及湖泊湖荡
射阳河（阜宁县）清水廊道维护区	阜宁县	射阳河	射阳湖
三阳河（高邮市）清水廊道维护区	高邮市	三阳河	官垛荡
潼河清水廊道维护区	宝应县	潼河	
卤汀河清水廊道维护区	姜堰区、兴化市	卤汀河	陈堡草荡、龙溪港
泰东河（姜堰区）清水廊道维护区	姜堰区	泰东河	夏家汪
姜溱河清水廊道维护区	姜堰区	姜溱河	
下官河清水廊道维护区	兴化市	下官河	
上官河清水廊道维护区	兴化市	上官河	乌巾荡
车路河清水廊道维护区	兴化市	车路河	

（2）重要湿地

根据江苏省林业局 2019 年印发的《江苏省省级重要湿地名录》，

以及江苏省人民政府 2018 年印发的《江苏省国家级生态保护红线规划》，里下河腹部地区涉及的重要湿地详见表 2.1-5。

表 2.1-5　里下河腹部地区重要湿地

重要湿地	归属地	位置
阜宁县马家荡重要湿地	阜宁县	射阳湖
西塘河重要湿地	建湖县	沙村荡、夏家荡、刘家荡、九里荡、东荡
高邮湖东湖省级湿地公园	高邮市	唐墩荡
宝应射阳湖重要湿地	宝应县	射阳湖
姜堰溱湖国家湿地公园	姜堰区	喜鹊湖
大纵湖重要湿地	盐都区、兴化市	大纵湖
兴化市西北湖荡重要湿地	兴化市	官庄荡、王庄荡、花粉荡、郭正湖、沙沟南荡、洋汊荡、平旺湖、乌巾荡、东潭、耿家荡、得胜湖、癞子荡、林湖
蜈蚣湖重要湿地	兴化市	蜈蚣湖
九龙口（淮安区）重要湿地	淮安区	射阳湖
建湖九龙口国家湿地公园	建湖县	射阳湖
扬州射阳湖省级湿地公园	宝应县	射阳湖
兴化里下河国家湿地公园	兴化市	洋汊荡

（3）渔业养殖区

根据各市、县养殖水域滩涂规划的要求，里下河地区规划定了禁养区、限养区、养殖区。养殖品种主要为大宗淡水鱼、罗氏沼虾、河蟹、青虾、鳜鱼、黄颡鱼等，主要养殖方式有池塘养殖、提水养殖、网围养殖、稻田综合种养等。

（4）特殊物种保护区

特殊物种保护区指具有特殊生物生产功能和种质资源保护功能的区域。根据国家法律法规，对于具有特殊生物生产功能和种质资源保护功能的区域可纳入生态空间管控区域。确有必要的，可纳入国家级生态保护红线。国家级生态保护红线补划时，应优先从生态空间管控区域中补划,禁止新建、扩建对土壤和水体造成污染的项目,严格控制外界污染物和污染水源的流入,开发建设活动不得对种质资源造成损害,严格控制外来物种的引入。例如根据农业农村部公告第 1491 号的要求,建立射阳湖国家级水产种质资源保护区。射阳湖国家级水产种质资源保护区总面积 666.7 hm^2,其中核心区面积 100 hm^2,实验区面积 566.7 hm^2,特别保护期为每年的 3 月 1日—7 月 31 日。保护区位于江苏省宝应县东部射阳湖荡区,主要保护对象为黄颡鱼、塘鳢、黄鳝、青虾、泥鳅、乌鳢。详见图 2.1-3。

图 2.1-3　射阳湖国家级水产种质资源保护区范围

（5）有机农业产业区

里下河腹部地区有机农业产业区主要集中在宝应县,目前宝应县已申请和建设了运西有机稻米、有机蟹、有机禽,中部有机鹅、有机鸭、有机蔬菜和东荡有机藕三大系列有机产业规模化基地。详见表 2.1-6。

表 2.1-6　里下河腹部地区有机农业产业区

有机农业产业区	归属地	位置
西安丰镇有机农业产业区	宝应县	绿草荡
望直港镇和平荡有机农业产业区	宝应县	獐狮荡

有机农业产业区	归属地	位置
鲁垛镇小槽河有机农业产业区	宝应县	广洋湖
柳堡镇仁里荡有机农业产业区	宝应县	广洋湖
射阳湖镇荷园特殊生态产业区	宝应县	射阳湖

2.1.7　经济社会概况

里下河地区涉及盐城、泰州、扬州、淮安、南通五市十八个县（市、区），是江苏省苏中、苏北地区经济过渡带，江苏省重要商品粮生产基地之一，同时养殖产量的快速增长，也使该地区成为江苏省新兴的水产养殖基地之一。随着江淮生态经济区和沿海经济带的发展，里下河地区社会经济发展潜力巨大。2021 年里下河地区经济社会基本情况见表 2.1-7。

表 2.1-7　里下河地区经济社会情况统计表（2021 年）

项目	市别					合计
	盐城	泰州	扬州	淮安	南通	
人口（万人）	547	236	230	32	159	1 205
农业人口（万人）	202	78	184	11	69	545
非农业人口（万人）	345	158	46	21	90	660
耕地面积（万亩）	980	188	190	64	196	1 617
国内生产总值（亿元）	5 397	3 150	3 366	323	2 261	14 497

2.2　里下河腹部地区湖泊湖荡

2.2.1　形成与演变

里下河地区在大地构造单元上属于苏北凹陷的一部分，经过不断的沉降运动,至第四纪的晚更新时期,该区已处于滨海环境,成为长江三角洲北侧的一个浅海海湾。大约在 2000 年前,淮河尚在淮阴附近入海,由于岸外沙堤形成和长江北岸古沙嘴的伸展作用,里下河地区成为潟湖地带。潟湖经后来泥沙的继续封淤,在逐渐淡化的过程中退居内陆,转变为淡水湖泊,为古射阳湖,《太平寰宇记》云"射阳湖长三百里,阔三十里"。后来由于来自湖区本身的泥沙和生物残体的沉积,尤其是黄河和淮河泛滥所注入的大量泥沙沉积,加速了这一古湖泊的衰亡过程,使其逐渐变小、解体,分化为许多大小不一的湖荡。现今的大纵湖、蜈蚣湖、得胜湖、平旺湖、郭正湖、广洋湖等湖荡,在古射阳湖形成之初,均为其统一湖体的组成部分。明代以前,里下河多半为沼泽地带,自然港汉纵横分歧,芦苇草滩一望无际。在清初以前,里下河腹部地区水面率达 60%。20 世纪 50 年代开始,随着沿海浚港建闸,里下河腹部地区水位控制降低,湖面也越来越小。湖滩地是良好的土地资源,由于湖滩地的发育,滩地出露水面,使围垦种植和兴建台田种植成为可能,这一方式在相当长的时期里是里下河地区湖泊湖荡利用的主要方式。

近 20 年来,在经济利益的驱动下,圈圩养殖迅猛发展,成为开发利用的主要方式。围垦种植和圈圩养殖规模的逐步扩大与发展,又进一步加剧了湖泊的缩小和衰亡过程,并不断改变湖盆的形态。20世纪中期,里下河腹部地区湖泊湖荡 0.5 km² 以上的湖荡有 51 处,有湖荡滩地 1 300 km² 以上;60 年代中期尚有湖荡滩地 1 073 km²,主要有射阳湖、绿洋湖、大纵湖、蜈蚣湖、郭正湖、绿草荡、乌巾荡、广洋湖、平旺湖、喜鹊湖等。1992 年,江苏省政府以苏政发〔1992〕44 号文转发各级地方政府和有关部门,规定保留里下河湖荡滞涝圩区351 个,面积 695 km²,涉及江都、高邮、宝应、姜堰、兴化、盐都、建湖、阜宁、淮安等 9 个县(市、区)的 63 个镇。2006 年省政府批复的《里下河腹部地区湖泊湖荡保护规划》中明确湖泊湖荡保护范围为695 km²,包含射阳湖、大纵湖、蜈蚣湖、得胜湖、广洋湖、林湖、洋汉荡、官垛荡、獐狮荡等,包括规定保留的湖泊湖荡面积 216 km²,三批滞洪圩面积 479 km²。2022 年,修订后的《江苏省里下河腹部地区湖泊湖荡保护规划》由省政府批复,里下河湖泊湖荡保护(管理)范围面积 648.6 km²,为 28 个省级管理湖泊之一,包括 15 个湖泊湖荡和 1 个湖泊群。详见表 2.2-1。

表 2.2-1　里下河腹部地区湖泊湖荡保护范围表

编号	名称	县(市、区)划	保护范围面积(km²)
1	白马荡	高邮市	11.92
2	大纵湖	盐都区	16.85
		兴化市	17.44
		小计	**34.29**
3	得胜湖	兴化市	16.74
4	东荡	盐都区	15.95
		建湖县	8.12
		小计	**24.07**
5	官垛荡	高邮市	37.92
6	广洋湖	宝应县	46.46
		兴化市	10.02
		小计	**56.48**
7	九里荡	建湖县	13.69
8	癞子荡	兴化市	15.08
9	兰亭荡	盐都区	1.82
		建湖县	1.36
		宝应县	14.29
		小计	**17.47**
10	林湖	兴化市	16.21

编号	名称			县(市、区)划	保护范围面积(km²)
11	射阳湖			淮安区	21.63
				建湖县	48.70
				阜宁县	26.59
				宝应县	44.11
				小计	**141.03**
12	王庄荡			盐都区	3.59
				兴化市	11.35
				小计	**14.93**
13	蜈蚣湖、蜈蚣湖南荡			兴化市	30.07
14	洋汊荡			高邮市	6.79
				兴化市	43.42
				小计	**50.21**
15	獐狮荡			宝应县	43.61
16	里下河湖泊群(24个)	(1)	菜花荡	高邮市	6.48
				兴化市	3.84
				小计	**10.32**
		(2)	陈堡草荡	兴化市	3.38
		(3)	崔印荡	高邮市	2.08
		(4)	东潭	兴化市	8.78
		(5)	耿家荡	高邮市	1.87
				兴化市	3.37
				小计	**5.24**
		(6)	郭正湖	兴化市	6.94
		(7)	花粉荡	兴化市	4.80
		(8)	官庄荡	兴化市	1.76
		(9)	刘家荡	建湖县	7.15

编号	名称			县(市、区)划	保护范围面积(km²)
16	里下河 湖泊群 (24个)	(10)	龙溪港	海陵区	1.07
				姜堰区	1.77
				小计	**2.84**
		(11)	绿草荡	淮安区	3.31
				宝应县	7.00
				小计	**10.30**
		(12)	绿洋湖	高邮市	6.10
		(13)	内荡	宝应县	5.45
		(14)	琵琶荡	盐都区	7.02
		(15)	平旺湖	兴化市	5.49
		(16)	沙村荡	建湖县	2.73
		(17)	沙沟南荡	兴化市	6.98
		(18)	司徒荡	高邮市	5.66
		(19)	唐墩荡	高邮市	2.94
		(20)	乌巾荡	兴化市	2.67
		(21)	喜鹊湖	姜堰区	2.87
		(22)	夏家荡	建湖县	7.45
		(23)	夏家汪	姜堰区	0.79
		(24)	兴盛荡	盐都区	4.64
				兴化市	0.53
				小计	**5.17**
		合计			**124.91**
总计					**648.63**

2.2.2　周边水系

里下河腹部地区河道众多,并与里下河地区骨干河网相连。主要有属于"五纵六横"骨干河网的三阳河、大三王河、蔷薇河、戛粮河、卤汀河、下官河、上官河、沙黄河、西塘河、西塘港、盐靖河、泰东河、白马湖下游引河、杨集河、潮河、宝射河、大潼河、蟒蛇河、北澄子河、车路河等 20 条河道,穿越射阳湖、绿草荡、獐狮荡、广洋湖、郭正湖、大纵湖、平旺湖、洋汊荡、乌巾荡、东荡、得胜湖、官垛荡等 25 个湖荡,长 141.8 km;市县级骨干河道东平河、横泾河、新六安河、子婴河、芦范河、宝应大河、营沙河、向阳河、杨家河、大溪河、海沟河、池沟、横塘河、盐河、白涂河、头溪河、大官河、新涧河、塘河、獐狮河、李中河、鲤鱼河、渭水河、兴姜河等 42 条河道,穿越射阳湖、獐狮荡、夏家荡、九里荡、刘家荡、兰亭荡、东荡、蜈蚣湖、广洋湖、白马荡、崔印荡、癞子荡、平旺湖、洋汊荡、得胜湖、官垛荡、绿洋湖、龙溪港等 25 个湖荡。

2.2.3　开发利用

里下河地区的形成和发展,是一部围垦开发的历史。据史料记载,里下河地区早在秦汉时期就已进行围湖兴垦,种植水稻。但由于海堤、运河堤防修筑较晚,至南宋年间,里下河腹部仍是水多陆少的湖泊群地区,没有脱离沼泽状态。唐宋时期始为了农业生产在里下河地区兴办水利。宋元以后,兴垦范围进一步扩大,开始环水堆土,造成高出水面的人工"垛田"。里下河地区的形成和大量开发始于元末,运河堤及运盐河堤全线修好,配置石闸口门泄水建筑物,里下河地区主要河道总长已达到 2 300 里,水网基本形成,大片沼泽地开发成为农田。

里下河湖泊湖荡早期为天然湖泊湖荡,可自然调蓄,以生产芦柴和捕捞业为主。从 20 世纪 50 年代开始,随着对该地区洪、涝、旱问题的不断治理,水利条件得到很大改善,提高了抗御自然灾害的能力,冬春季外河网水位也发生了很大变化。如兴化水位低于 1.00 m 的持续时间由 50 年代的平均 11 天,60 年代 46 天,到 80 年代增加到 150 天以上。荡区水位降低,大面积湖荡露出水面,柴滩逐步退化,为湖荡围垦提供了有利条件。

20 世纪 50 至 70 年代,由于对粮食产量的片面追求,从湖荡周边开始围垦,种植粮棉,形成了部分农业圩区,70 年代末湖荡面积为

495 km²,不足 60 年代的一半。20 世纪 80 年代,为挖掘资源潜力,加快发展苏北,振兴里下河地区经济,提出了里下河地区农业资源开发意见,湖荡地区要重点开发水产、水禽、水生植物,耐水林木,再一次展开了大规模的围湖运动,湖荡功能逐步变为以养殖业为主。围垦的面积也从原来的零星分散,转而集中大面积围湖,致使湖荡面积急剧减少,到 90 年代初湖荡面积为 216 km²。1991 年大水以后,省政府下达了 44 号文件,强调必须全面实施"上抽、中滞、下排"的综合治理规划方案,并重申现有湖荡 216 km² 不准再行圈围。但由于所有权、管理权、经营权不统一,致使湖荡盲目围垦不断升级。2006 年后沿湖县(市、区)实施了部分退圩还湖工程,现状湖泊湖荡自由水面 58.5 km²。

（1）水域资源利用现状

里下河腹部地区湖泊湖荡大部分水域被圈圩进行渔业生产和农业种植,是周边居民赖以生存的主要场所。根据湖泊圩区现状利用调查成果,湖区现共有 422 个圩子,圩区面积 640.28 km²,圩子开发利用分类性质见表 2.2-2。

表 2.2-2　里下河腹部地区湖泊湖荡开发利用情况统计表

项目	圩子性质			合计
	农业圩	副业圩	混合圩	
圩子数量(个)	17	331	74	422
总面积(km²)	30	470	140.28	640.28
利用形式	以种植水稻、旱地为主	以养鱼、种藕、茨菇等养殖为主	种植、养殖兼有	—
面积占开发圩比重(%)	4.69	73.41	21.91	100

除此之外,湖泊湖荡水域开发利用还有光伏发电设施分布在盐都区东荡、兴盛荡,建湖县射阳湖,高邮市官垛荡、唐墩荡,宝应县广洋湖、兰亭荡、獐狮荡、射阳湖,兴化市东潭、蜈蚣湖、沙沟南荡、洋汊荡。保护范围内分布有风力发电塔基、旅游景区、京沪高速公路等设施。

（2）岸线资源利用

湖泊岸线仅对现状是湖面形态的大纵湖、喜鹊湖和陈堡草荡三个湖泊进行统计。岸线按资源用途划分为生产岸线、生活岸线、生态岸线（简称"三生"岸线，下同）。生产岸线主要指房屋（生产用房）、工业企业（取排水口）等利用岸线；生活岸线主要指自来水厂取水口、防汛码头、房屋（生活用房）、渡口、水利设施、景观公园等利用岸线；生态岸线主要指湿地、生态修复及原生态岸线等。

经统计，现状大纵湖岸线总长度 49 540 m，其中生产岸线长度 162 m、生活岸线 2 844 m、生态岸线 46 534 m，生产、生活、生态岸线比例为 0.33：5.74：93.93；喜鹊湖岸线总长度 13 122 m，其中生产岸线长度 0 m、生活岸线 2 444 m、生态岸 10 678 m，生产、生活、生态岸线比例为 0：18.62：81.38；陈堡草荡岸线总长度 14 128 m，其中生产岸线长度 0 m、生活岸线 11 m、生态岸线 14 117 m，生产、生活、生态岸线比例为 0：0.08：99.92。

总体来看，现状大纵湖、喜鹊湖、陈堡草荡岸线开发利用程度不高，主要是以生态型利用岸线为主，具体见表 2.2-3。

表 2.2-3 大纵湖、喜鹊湖、陈堡草荡现状岸线开发利用统计表

岸线类别		大纵湖		喜鹊湖		陈堡草荡	
		长度(m)	占比(%)	长度(m)	占比(%)	长度(m)	占比(%)
生产岸线	桥梁	162	0.33	0	0.00	0	0.00
	企事业	0		0		0	
生活岸线	房屋	125	5.74	1 047	18.62	0	0.08
	码头	0		243		0	
	水利设施	352		89		11	
	景观	2 367		1 065		0	
生态岸线	自然岸线	46 534	93.93	10 678	81.38	14 117	99.92
总长度		49 540	100	13 122	100	14 128	100

第三章

湖泊湖荡水生态环境现状

3.1 水生态环境监测

3.1.1 采样点布设

采样点在总体和宏观上须能反映所在区域的水环境质量状况。各点位的具体位置须能反映所在区域环境的污染特征,尽可能以最少点位获取足够有代表性的环境信息,同时考虑实际采样时的可行性与方便性。为了解每一个湖泊湖荡的污染特征,采样点布设采用湖泊湖荡全覆盖原则,至少一湖一点,并根据湖泊大小、形态及开发利用情况增设采样点。

非汛期(春季)采样时间为 2018 年 4 月 23—28 日,汛期(夏季)采样时间为 2018 年 8 月 13—17 日。采样前 48 小时内里下河地区均未见明显降雨,采样期间天气情况稳定,微风且多云。水温基本稳定,非汛期维持在 18～23 ℃,汛期高达 29～34 ℃。各湖泊湖荡的采样点数目设定及具体位置选取依据如下:① 针对面积较大的湖泊湖荡(如射阳湖),加设采样点;② 对于有自由水面的湖泊湖荡,如大纵湖,首选自由水面处布设采样点;③ 对于有湿地公园或打造出人工湿地的湖泊湖荡,如乌巾荡和喜鹊湖等,采样点布设在湿地中;④ 针对历史数据资料分析得出的点源污染问题突出、面源污染问题突出、富营养化问题突出的湖泊湖荡如獐狮荡,加设采样点;⑤ 对于围圩、养殖严重、水体严重分割的湖泊湖荡,由于各圩子中养殖品种不同,水质差异很大,不具代表性,故采样点尽可能布设在湖泊湖荡接近中央的穿荡行水通道上或穿荡行水通道交汇处。

采样点具体布设如图 3.1-1 所示。共布设了 51 个采样点,其中在大型的湖泊湖荡(如射阳湖、广洋湖和大纵湖等)布设了多个采样点。1—5 号采样点环绕射阳湖一周,1 号采样点位于射阳湖区北部,刚经过疏浚,水深 1.5 m,该采样点附近有家畜类(生猪)养殖场;2 号采样点位于淮东古寺附近,邻近一处木材加工厂,水深约为 2 m;3 号采样点位于射阳湖一大片圩区内,具体位置在陶舍和三家店之间;4 号采样点位于射阳湖复兴南泵站附近,水体浑浊,呈墨绿色;5 号采样点位于射阳湖九龙口附近,水深约 2.5 m,底泥较硬。6 号采样点位于西滩附近,绿草荡东北。7 号采样点位于夏家荡村附近的一处汇水处。8 号采样点位于沙村荡中心的穿荡河道上。9 号采样点位于九里荡北侧的穿荡河道上,附近常有家禽放养,两边皆为鱼塘。10 号采样点在刘家荡大桥下方,刘家荡南侧。11 号和 12 号采样点分别位于獐狮荡一东一西,平江村附近和北沙村附近。13 号采样点位于东荡穿荡行水河道上。14 号采样点位于琵琶荡琵琶头村附近。15 号采样点位于大凹子圩东部。16 号采样点位于内荡东南部鹤湾村一处村级河道内。17 号采样点位于兰亭荡西侧广兰路处,水草茂盛,且岸边有部分芦苇。广洋湖有 3 个采样点:18 号采样点位于广洋湖北侧桥头村附近,19 号采样点位于广洋湖东侧西溪村和陆家沟之间,20 号采样点位于广洋湖西南赵家沟路附近。21 号采样点位于兴盛荡南侧庆西村附近。22 号采样点位于王庄荡北侧穿荡行水河道中,两边围圩养殖严重且有部分水田。23 号采样点位于郭正湖北侧。24 号采样点位于沙沟南荡中间偏西,水体很浅,沉水植物茂盛。25 号采样点位于花粉荡北侧的穿荡河道内。大纵湖共有 2 个采样点:26 号采样点位于大纵湖北部,所在湖区水深约 2.1 m,围网养殖现象严重,临近大纵湖出水口(蟒蛇河)和大纵湖旅游度假区;27 号采样点位于大纵湖南部中庄河入口,水深约 1.2 m,围网密度较大纵湖北部湖区小,底泥人为扰动较为剧烈。洋汊荡有 2 个采样点:28 号采样点位于洋汊荡西侧,黄邳村附近,生活垃圾倾倒现象严重,河边屡见有人洗衣;29 号采样点位于东南侧洋汊村中,与 33 号采样点相似,垃圾胡乱倾倒,河边有人洗衣。30 号采样点位于平旺湖北部,出湖河道下官河右侧。31 号采样点位于蜈蚣湖河道中心偏西,水深约 2 m,沉水植物较为茂盛。32 号采样点位于蜈蚣湖南荡南侧,有几条穿荡河道在此汇水。33 号采样点位于林湖东部,围圩养殖严重。34 号采样点位于林湖西部,水体周边有旱地,部分水体围网养殖。35 号点位于菜花荡西北侧一处村庄中,围圩养殖严重。36 号采样点位于官垛荡南侧官垛村中,水面有少量漂浮物。37 号采样点位于白马荡与司徒荡交界,赵家墩附近。38 号采样点位于白马荡中心白马村的一处桥上,水草茂盛并密布水体。39 号采样点位于唐墩荡南部唐高墩村附近。40 号采样点位于崔印荡北部崔家庄和印家庄之间,水体浑浊。41 号采样点位于乌巾荡正中心的湿地公园内。42 号东潭采样点位于东潭西侧双潭村附近。43 号采样点位于耿家荡西部耿家庄附近,建筑垃圾堆放严重,水体浑浊。44 号为得胜湖采样点,位于得胜湖南部,水深约 3.5 m,湖面多被围隔用于养殖,岸边有污水排放。45 号点位于癞子荡中部,建筑垃圾堆砌严重。46 号采样点在陈堡草荡南部,穿荡河道中围圩养殖随处可见,水草密布。47 号采样点位于绿洋湖湿地公园内,湖水略呈黄色,附近为养鸭场。48 号采样点位于龙溪港中部龙溪桥附近,水体两侧停满渔船。49 号采样点为夏家汪,靠近溱潼古镇,有家庭散户污水直排现象。50 和 51 号都是喜鹊湖采样点,50 号位于溱湖旅游景区内,水体有波动,表层有部分气泡形成的泡沫;51 号位于喜鹊湖南部,周边有围圩养殖。

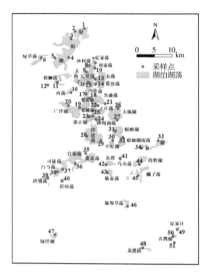

图 3.1-1　里下河腹部地区湖泊湖荡采样点位设置

3.1.2　监测与分析方法

（1）水质采样分析方法

野外观测采集的水样按照《地表水环境质量标准》（GB 3838—2002）以及《生活饮用水标准检验方法》（GB/T 5750—2006）进行采集、保存和分析；水深、流速等指标通过便携式流速仪和流速剖面仪进行现场监测；水温、透明度（SD）、溶解氧（DO）、电导率、pH 值等指标主要通过多参数水质分析仪 YSI 等设备进行现场监测；氨氮和营养盐浓度通过连续流动分析仪、离子色谱仪和紫外分光光度计进行分析检测。主要监测指标有：温度（Temperature，T）、电导率（Electrical Conductivity，EC）、溶解氧（Dissolved Oxygen，DO）、pH 值、总氮（Total Nitrogen，TN）、总磷（Total Phosphorus，TP）、氨氮（$NH_3 - N$）、磷酸根（PO_4^{3-}）、悬浮物（Suspended Solids，SS）、高锰酸盐指数（COD_{Mn}）、叶绿素 a（Chl-a）及总有机碳（Total Organic Carbon，TOC）含量。利用 0.45 μm 滤膜对采集后的水样进行现场过滤并装入预先洗净的采样瓶中;用优级纯浓 HNO_3 对水样进行酸化至 pH＝2,采用电感耦合等离子体质谱仪(ICP-MS)测定重金属 Cd、Cu、Ni、Pb 和 Zn 的浓度,采用冷原子荧光法测定重金属 As 和 Hg浓度。采用重力取样器采集沉积物样品,将沉积物样品拣去动植物残体及石块后,取大约 20 g 冷冻干燥,并过 10 目筛;充分混匀后进一步研磨并过筛以备分析。详见表 3.1-1。

表 3.1-1　水质指标分析方法

环境介质	类型	分析评价项目	分析方法或仪器
水质	常规项目	水温	温度计法
		pH 值	pH 计法
		电导率	电导率仪
		溶解氧	哈希溶解氧分析仪
		总氮	碱性过硫酸钾消解紫外分光光度法
		总磷	钼酸铵分光光度法
		高锰酸盐指数	高锰酸钾法
		亚硝酸盐	重氮偶合分光光度法
		氨氮	水杨酸分光光度法
		活性磷酸盐	钼锑抗分光光度法
		悬浮物	重量法
水质	加测项目	总有机碳	总有机碳分析仪
		铜	电感耦合等离子体质谱仪法
		铅	电感耦合等离子体质谱仪法
		锌	电感耦合等离子体质谱仪法
		镍	电感耦合等离子体质谱仪法
		镉	电感耦合等离子体质谱仪法
		铬	电感耦合等离子体质谱仪法
		砷	冷原子荧光法
		汞	冷原子荧光法
	特别项目	14 种常用抗生素	超高压液相色谱仪与质谱仪联用

续表

环境介质	类型	分析评价项目	分析方法或仪器
沉积物	加测项目	有机碳	重铬酸钾外加热法
		铜	电感耦合等离子体质谱仪法
		铅	电感耦合等离子体质谱仪法
		锌	电感耦合等离子体质谱仪法
		镍	电感耦合等离子体质谱仪法
		铬	电感耦合等离子体质谱仪法
沉积物	加测项目	镉	电感耦合等离子体质谱仪法
		砷	冷原子荧光法
		汞	冷原子荧光法
	特别项目	14 种常用抗生素	超高压液相色谱仪与质谱仪联用

同时汛期根据现有水质特征及湖泊湖荡具体地理位置采集了 10 个代表性湖泊湖荡(射阳湖、得胜湖、官垛荡、绿洋湖、喜鹊湖、大纵湖、九里荡、林湖、广洋湖、乌巾荡)的水样和沉积物样品进行了抗生素含量分析。分析的抗生素包含 14 种水产养殖常用抗生素:5 种磺胺类抗生素、3 种大环内酯类抗生素、3 种喹诺酮类抗生素以及 3 种四环素类抗生素。抗生素样品分析中采用的主要设备包括配有四级杆检测器的高效液相色谱-串联质谱(HPLC - MS/MS,Agilent 1290 - 6460,美国)。

(2)浮游植物采样方法

利用有机玻璃采水器采集定量水样,通过浮游生物网 25 号网收集样品,用鲁哥氏液固定待测。水体无分层,直接水下 0.5 m 左右采样;水深＜2 m,离水面 0.5 m 采样;2 m＜水深＜5 m,水下 0.5 m、1 m、2 m、3 m、4 m 各采一个样;水深＞5 m 时,3～6 m 间距采样。浮游植物鉴定方法:取 1 L 固定的水样静置沉淀 24 小时,用 3～5 mm 的橡皮管,虹吸抽掉上清液,余下沉淀物根据实际情况定容到一定体积。经沉淀浓缩后,在室内用显微镜计数,计算生物量,观察浮游生物种类组成、群落结构、优势类群。

（3）底栖动物采样方法

用 1/40 m² 改良过的彼得森采泥器定量采集底泥样品,每个样点重复采样 3 次,合并为 1 个样品。在现场用 0.5 mm 的分样筛分筛底泥,洗净后在解剖盘中逐一将底栖动物拣出,放入装有 10% 的甲醛溶液的广口瓶中,贴上标签,在实验室中将标本鉴定至尽可能低的分类单元。样品在计数时,若标本损坏则只统计头部。称重时,先用滤纸将样品表面的水分吸干,再用万分之一电子天平称重。最后将每个样点的个体数和重量换算成 1 m² 面积的密度(个/m²)和生物量(g/m²)。底栖动物鉴定方法:保存样品在实验室内,用显微镜挑拣出底栖动物标本。为保证鉴定结果的正确性、一致性和实用性,根据现有的最可靠的科学资料,将底栖动物鉴定至最低分类水平。甲壳纲、水生昆虫和软体动物鉴定至属或种;多毛类、寡毛类根据相关资料鉴定至纲或科。

3.1.3　质量控制

质量保证与质量控制贯穿于断面布设、样品采集、样品运输和保存、样品预处理与检验、数据处理与综合评价等监测分析活动全过程。每个采样点设置 1～2 个平行样以避免单次采样的偶然性。每批样品都选择部分项目加采现场平行样、制备现场空白样,与样品一同送实验室分析。实验室的设施与环境满足监测工作的要求,满足仪器设备测试要求,具备洁净实验室和痕量分析室的控制要求。计算相对标准偏差、加标回收率和相对误差,对质量控制结果进行评价。溶氧、pH 值、电导率及水温现场测量至少进行 3 次。

使用色谱/质谱联用等大型仪器分析,采用单点和多点标准溶液浓度检查样对批量样品测试过程中的分析质量进行控制。每 20 个样品,采用一个中间浓度点的标准溶液,或一个与样品浓度接近的标准溶液浓度点进行一次校准。

分析结果的精密度:用多次平行测定结果进行相对偏差计算的计算式为

$$多平行样相对偏差（\%）=\frac{x_i-\bar{x}}{\bar{x}}\times100$$

式中：x_i 为某一测量值；$\bar{x}$ 为多次测量值的均值。

分析结果的准确度：以加标回收率表示时的计算式为

$$回收率（P,\%）=\frac{加标试样的测定值—试样测量值}{加标量}\times100$$

3.2 污染源现状评价

3.2.1 点源污染

结合中国环境监测总站的江苏省污染调查资料,收集了里下河地区规模以上点源信息,规模以上点源分布如图 3.2-1 所示,里下河8 个县（市、区）2018 年点源排放量如表 3.2-1 所示,其中兴化市总体污染排放量最大。

表 3.2-1　里下河地区八个县（市、区）点源排放量统计表

县（市、区）	COD(t)	$NH_3-N(t)$	TN(t)	TP(t)
淮安区	8 846	1 221	1 309	118
阜宁县	9 638	1 042	1 152	128
建湖县	6 944	995	1 314	98
宝应县	6 649	1 071	1 211	128
盐都区	7 237	893	959	97
高邮市	6 013	878	1 011	135
兴化市	11 609	1 580	2 156	188
姜堰区	6 835	985	1 315	122

图 3.2-1 里下河腹部地区规模以上点源分布图

3.2.2 面源污染

根据江苏省农业生产活动的特点以及里下河地区湖泊湖荡特色,里下河地区面源污染主要来自农业面源,农业面源污染主要来源分为种植业、养殖业和农村生活三方面,具体计算公式详见表3.2-2。

(1)种植业污染物排放主要来自化肥施用和稻秆遗弃污染。以氮肥、磷肥的折纯量计算 TN、TP 的排放量,不考虑化肥的 COD 排放量。

(2)养殖业污染物排放主要来自畜禽养殖污染和水产养殖污染。

(3)农村生活污染物排放主要来自生活垃圾和生活污水污染物排放。

表 3.2-2　里下河地区农业面源具体计算公式

农业面源类型	具体计算公式
化肥施用	污染物排放量＝化肥施用量(折纯量)×化肥流失系数
稻秆遗弃	污染物排放量＝作物产量×稻秆产出系数×（1－稻秆综合利用率）×稻秆养分含量×流失系数
畜禽养殖	污染物排放量＝畜禽养殖量×畜禽排泄系数×流失系数
水产养殖	污染物排放量＝水产品产量×流失系数
生活垃圾	污染物排放量＝农村人口×人均垃圾产生系数×产污系数×流失系数
生活污水	污染物排放量＝农村人口×产污系数×流失系数

参考里下河地区各个市的三线一单数据资料、全国污染源普查产排污系数手册、陆尤尤(2012)和谢立等(2018)的研究,确定各类污染排放系数,详见表3.2-3至表3.2-8。

表 3.2-3　化肥施用污染物系数

污染物	TN	TP	$NH_3 - N$
产生系数	1	0.436	0.43
流失系数	0.11	0.06	0.10

表 3.2-4　稻秆遗弃排污计算参数

作物	产出系数（t/t）	综合利用率	养分含量				流失系数
			COD	TN	TP	$NH_3 - N$	
小麦	1.2	0.7	1.301	0.005	0.000 873	0.002	0.02
水稻	1.06	0.7	1.247	0.0 048	0.001 397	0.002	0.02
玉米	1.34	0.7	1.311	0.005	0.001 746	0.002	0.02
豆类	1.6	0.7	1.415	0.013	0.001 310	0.006	0.02
油菜	3.0	0.7	1.301	0.0 082	0.000 961	0.004	0.02

表 3.2-5　畜禽养殖相关污染物系数

种类	排泄系数（kg/头/a）				流失系数			
	COD	TN	TP	$NH_3 - N$	COD	TN	TP	$NH_3 - N$
牛	1 065	105.8	16.73	44.4	0.097 8	0.427 6	0.504 7	0.413 4
羊	0.99	0.06	0.02	0.029	0.063 3	0.229 5	0.210 3	0.212 1
猪	36	3.7	0.56	1.79	0.150 5	0.534 5	0.556 5	0.543 2
家禽	3.32	0.5	0.12	0.12	0.113 7	0.347 5	0.344 6	0.342 2

表 3.2-6　水产养殖污染物系数

种类	水产养殖污染物系数（kg/kg）			
	COD	TN	TP	$NH_3 - N$
虾	0.066	0.072	0.021	0.031
蟹	0.064	0.04	0.012	0.016
淡水鱼	0.03	0.028	0.005	0.011

表 3.2-7　生活垃圾污染物系数

污染物	COD	TN	TP	$NH_3 - N$
污染负荷（mg/kg）	50	1	0.2	0.8
流失系数	0.4	0.6	0.9	0.6

表 3.2-8 生活污水污染物系数

污染物	COD	TN	TP	$NH_3 - N$
产污系数(kg/a/人)	5.84	0.584	0.146	0.467
流失系数	0.3	0.6	0.6	0.6

根据各类污染的排放系数,计算得到里下河腹部地区八个县(市、区)农业面源年排放量情况。里下河八个县(市、区)2018 年面源排放量如表 3.2-9 所示,不同农业面源类型污染年排放量如图 3.2-2 所示。可以看出,化肥施用产生的 TN、TP 和 $NH_3 - N$ 污染量为 6 种不同农业面源类型中最高值。水产养殖产生的 TN、TP、$NH_3 - N$ 和 COD 均较高,其 TN、TP、$NH_3 - N$ 产生量仅次于化肥施用,COD 产生量仅次于秸秆遗弃。

表 3.2-9 里下河地区八个县(市、区)农业面源年排放量

行政区划	COD(t)	$NH_3 - N(t)$	TN(t)	TP(t)
淮安区	10 433	2 318	5 747	1 302
阜宁县	16 978	4 137	10 286	2 465
建湖县	11 672	2 923	7 310	1 697
宝应县	14 501	3 448	8 505	1 937
盐都区	9 700	2 883	7 254	1 651
高邮市	15 379	4 267	10 608	2 459
兴化市	26 010	6 716	16 618	4 000
姜堰区	7 384	2 110	5 154	1 196

由图 3.2-3 可以看出,种植业污染负荷占总的面源污染贡献率比例最大,TN、TP、$NH_3 - N$ 和 COD 占比分别为 50%、51%、49% 和 54%;养殖业负荷占总的面源污染贡献率比例也相对较高,TN、TP、$NH_3 - N$ 和 COD 占比分别为 48%、46%、46% 和 39%;农村生活污染负荷占面源负荷比例较低。

总的来说,里下河地区农业面源中种植业和养殖业占比较高,水产养殖是养殖业各类污染(TN、TP、$NH_3 - N$ 和 COD)排放的主要

来源。化肥施用是种植业中 TN、TP 和 NH₃-N 污染排放的主要来源。而秸秆遗弃是种植业 COD 污染负荷的最主要来源,也是里下河地区 COD 污染负荷的主要来源。

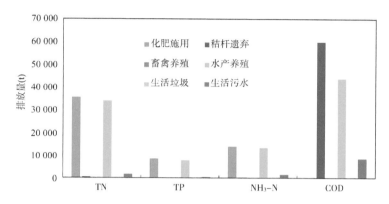

图 3.2-2 不同农业面源类型污染年排放量

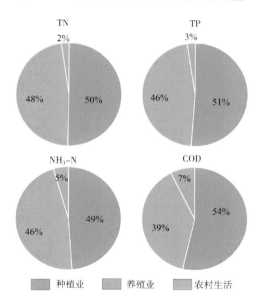

图 3.2-3 里下河地区八个县(市、区)三种主要农业面源类型负荷占比情况

3.2.3 污染物排放总量

结合点源和面源统计数据,汇总里下河地区八个县(市、区)的 COD、NH_3-N、TN、TP 污染物排放总量,结果见表 3.2-10。从里下河地区点源和面源排放占比来看,COD、NH_3-N、TN、TP 各污染负荷中农业面源占比分别为 63.7%,76.9%,87.3%和 94.3%,均达 63%以上,农业面源是里下河腹部地区主要的污染来源。其中兴化市总体污染负荷排放量最高。

表 3.2-10　里下河地区八个县(市、区)污染排放总量

行政区划	COD(t)	NH_3-N(t)	TN(t)	TP(t)
淮安区	19 279	3 539	7 056	1 420
阜宁县	26 616	5 179	11 438	2 593
建湖县	18 616	3 918	8 624	1 795
宝应县	21 150	4 519	9 716	2 065
盐都区	16 937	3 776	8 213	1 748
高邮市	21 392	5 145	11 619	2 594
兴化市	37 619	8 296	18 774	4 188
姜堰区	14 219	3 095	6 469	1 318

3.3　水环境评价

3.3.1　常规水质指标

基于《地表水环境质量标准》(GB 3838—2002),根据应实现的水域功能类别,分别评价 TP、TN、NH_3-N、DO、COD_{Mn} 等五项常规水质指标对应的水质等级,分析并评估里下河地区湖泊湖荡 2018 年水质质量状况,其中湖泊湖荡水质数据来自何欣霞等(2019)的研究以及汛期和非汛期现场监测数据,详见表 3.3-1。

表 3.3-1　地表水环境质量标准　　　　　　　　单位：mg/L

序号	评价项目	第Ⅰ类	第Ⅱ类	第Ⅲ类	第Ⅳ类	第Ⅴ类
1	总磷（TP）≤	0.01	0.025	0.05	0.1	0.2
2	总氮（TN）≤	0.2	0.5	1.0	1.5	2.0
3	氨氮（NH_3-N）≤	0.15	0.5	1.0	1.5	2.0
4	溶解氧（DO）≥	7.5	6	5	3	2
5	高锰酸盐指数（COD_{Mn}）≤	2	4	6	10	15

由图 3.3-1 可知，非汛期与汛期湖泊湖荡水质等级均主要处于Ⅳ类水标准。非汛期湖泊湖荡 TP 水质等级为Ⅳ～劣Ⅴ类，其中北部獐狮荡和中部沙沟南荡为劣Ⅴ类。汛期湖泊湖荡 TP 水质等级为Ⅲ～劣Ⅴ类，北部獐狮荡和中部沙沟南荡仍为劣Ⅴ类，同时中部白马荡、耿家荡和南部绿洋湖水质等级由非汛期的Ⅳ类降为劣Ⅴ类，北部沙村荡、夏家荡及刘家荡三个湖泊湖荡水质等级由非汛期的Ⅳ类提升为Ⅲ类，其他湖泊湖荡与非汛期相比变化不大。

（a）非汛期

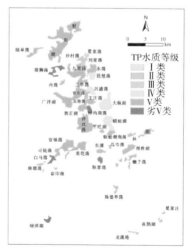

（b）汛期

图 3.3-1　非汛期与汛期里下河地区湖泊湖荡 TP 水质等级

由图 3.3-2 可知,非汛期湖泊湖荡水质状况显著低于汛期水质状况。非汛期与汛期湖泊湖荡 TN 水质等级均为Ⅳ～劣Ⅴ类,其中 78% 的湖泊湖荡在非汛期为劣Ⅴ类;而在汛期有所提升,46% 的湖泊湖荡为Ⅳ类,同时南部喜鹊湖、夏家汪水质等级提升至Ⅲ类。

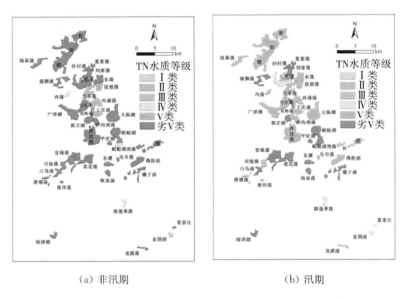

（a）非汛期　　　　　　　　　（b）汛期

图 3.3-2　非汛期与汛期里下河地区湖泊湖荡 TN 水质等级

由图 3.3-3 可知,非汛期与汛期 NH_3-N 水质等级均为Ⅰ～Ⅳ类,且绝大多数湖泊湖荡为Ⅱ类。非汛期与汛期北部湖泊湖荡的 NH_3-N 水质等级变化不大,中部官垛荡、菜花荡和白马荡由非汛期的Ⅲ类降至汛期的Ⅳ类,同时中部得胜湖和南部喜鹊湖、夏家汪由非汛期的Ⅱ类提升至Ⅰ类。

由图 3.3-4 可知,非汛期 DO 水质等级为Ⅰ～Ⅳ类,汛期为Ⅰ～劣Ⅴ类,非汛期整体高于汛期。非汛期南部和中部绝大多数湖泊湖荡 DO 水质等级均为Ⅰ类,北部较差。汛期北部射阳湖、绿草荡与中部广洋湖的 DO 水质等级为劣Ⅴ类,在空间上无显著分布规律。

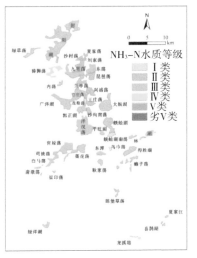
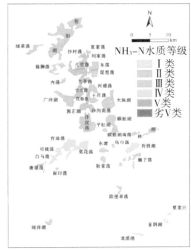

（a）非汛期　　　　　　　　　（b）汛期

图 3.3-3　非汛期与汛期里下河地区湖泊湖荡 NH₃－N 水质等级

（a）非汛期　　　　　　　　　（b）汛期

图 3.3-4　非汛期与汛期里下河地区湖泊湖荡 DO 水质等级

由图 3.3-5 可知，非汛期 COD$_{Mn}$ 水质等级为Ⅲ～劣Ⅴ类，汛期为Ⅲ～Ⅴ类。非汛期 83％的湖泊湖荡 COD$_{Mn}$ 水质等级为Ⅳ类，仅北部獐狮荡和中部耿家荡以及南部绿洋湖为劣Ⅴ类。汛期 COD$_{Mn}$ 水质等级总体有所提升，51％的湖泊湖荡为Ⅲ类，仅北部獐狮荡处于Ⅴ类。

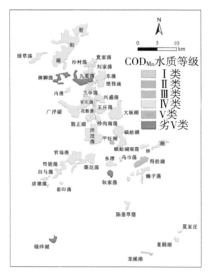 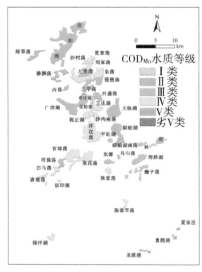

（a）非汛期 （b）汛期

图 3.3-5　非汛期与汛期里下河地区湖泊湖荡 COD$_{Mn}$ 水质等级

由表 3.3-2 可知，TP、NH$_3$-N 在汛期与非汛期的最值和均值相差不大，而非汛期与汛期 TN、DO、COD$_{Mn}$ 的均值相差较大，且汛期均小于非汛期。总体而言，TN 和 TP 严重超标，为湖泊湖荡水体主要污染物。

表 3.3-2 里下河地区湖泊湖荡水质整体分析结果

分析指标	非汛期			汛期		
	最高值	最低值	均值±SD	最高值	最低值	均值±SD
总磷(mg/L)	0.62	0.07	0.15±0.13	0.59	0.04	0.16±0.10
总氮(mg/L)	4.43	1.20	2.62±0.81	3.54	1.07	2.05±0.77
氨氮(mg/L)	1.39	0.07	0.46±0.29	1.44	0.08	0.47±0.32
溶解氧(mg/L)	19.04	3.97	8.10±3.00	18.71	0.26	6.23±4.02
高锰酸盐指数(mg/L)	25.94	4.56	8.60±4.05	15.84	3.28	6.22±1.84

根据《地表水环境质量评价标准》(GB 3838—2002)以及各个河道湖泊的污染物浓度,确定了各个湖泊河道在对应指标下的水质等级。由图 3.3-6 可以看出,当以 COD_{Mn} 作为评价指标时[图 3.3-6(a)],里下河河网水质等级整体处在Ⅱ级和Ⅲ级范围内,里下河南部地区河流水质整体优于北部河流水质,而湖泊水质整体处于Ⅳ类,耿家荡、绿洋湖、獐狮荡水质类别为Ⅴ类,东潭、得胜湖水质类别相对较好,达到了Ⅲ类水标准;当以 TP 作为评价指标时[图 3.3-6(b)],里下河地区河网水质大部分处于Ⅱ类水范围内,西南部分河流为Ⅲ类,少部分河流水质类型为Ⅳ类,湖泊大部分为Ⅲ类;当以 NH_3-N 作为评价指标时[图 3.3-6(c)],里下河地区河网水质整体处于Ⅱ类水范围,水质较好。

表 3.3-3 是目前水质未达到 2020 年目标水质的部分河流河段,在未达标河流中,大部分是 NH_3-N 和 TP 指标等级超过目标水质等级。

总体而言,里下河地区河网水质整体优于湖泊湖荡水质,这主要是河流中水流的流速较快,不利于污染物的富集沉降,使得河流水质相对较好;而湖泊湖荡水质较差,一方面是因为围圩、养殖导致水力不畅以及养殖排放污染负荷大,另一方面受到入湖河流水质的影响,例如主要入湖河流中宝射河和大官河整体水质较差,因此与之相连的獐狮荡的水质等级也明显较低。

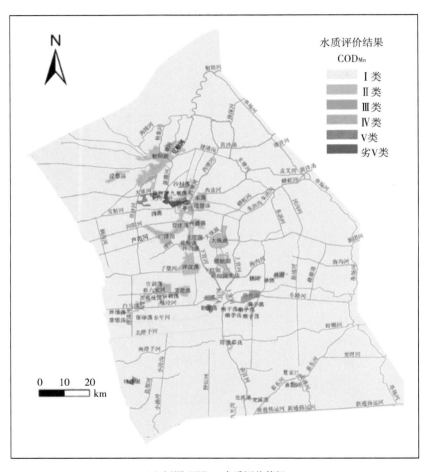

（a）河网 CODMn 水质评价等级

（b）河网 TP 水质评价等级

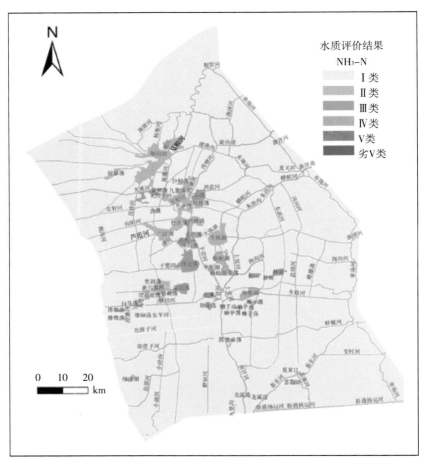

（c）河网 NH$_3$-N 水质评价等级

图 3.3-6　里下河地区河网水质评价等级

表 3.3-3　里下河腹部地区未达标河流

河流名称	2018 年现状水质等级			2020 年目标水质	邻近湖泊湖荡
	COD$_{Mn}$	NH$_3$-N	TP		
射阳河	Ⅲ	Ⅱ	Ⅱ	Ⅱ	射阳湖
新洋港	Ⅲ	Ⅱ	Ⅲ	Ⅱ	
新通扬运河	Ⅱ	Ⅳ	Ⅲ	Ⅲ	龙溪港
泰东河	Ⅱ	Ⅱ	Ⅲ	Ⅱ	喜鹊湖
新团河	Ⅲ	Ⅱ	Ⅲ	Ⅱ	
西塘河	Ⅲ	Ⅱ	Ⅱ	Ⅱ	东荡
方塘河	Ⅲ	Ⅳ	Ⅲ	Ⅲ	
栟茶运河	Ⅱ	Ⅳ	Ⅲ	Ⅲ	
友谊河	Ⅱ	Ⅳ	Ⅲ	Ⅲ	
九里沟	Ⅱ	Ⅳ	Ⅲ	Ⅲ	
蔷薇河	Ⅲ	Ⅲ	Ⅱ	Ⅱ	
朱沥沟	Ⅲ	Ⅲ	Ⅲ	Ⅱ	大纵湖
春风河	Ⅲ	Ⅳ	Ⅳ	Ⅲ	
立公河	Ⅲ	Ⅳ	Ⅳ	Ⅲ	
安弶河	Ⅲ	Ⅳ	Ⅲ	Ⅲ	
北凌河	Ⅲ	Ⅳ	Ⅳ	Ⅲ	
串场河	Ⅱ	Ⅳ	Ⅲ	Ⅲ	
戛粮河	Ⅲ	Ⅱ	Ⅱ	Ⅱ	射阳湖
红星河	Ⅲ	Ⅳ	Ⅳ	Ⅲ	
宝射河	Ⅲ	Ⅳ	Ⅳ	Ⅲ	
大官河	Ⅲ	Ⅳ	Ⅳ	Ⅲ	獐狮荡

3.3.2 重金属指标

参考《地表水环境质量标准》(GB 3838—2002),评估里下河地区湖泊湖荡重金属总体现状,并分别分析水相与沉积物相重金属现状。重金属指标包括汞、砷、锌、铅、镉、铬、铜、镍。

从表 3.3-4 可以看出,湖泊湖荡水相中汞(Hg)总含量为 $0.17\sim6.36~\mu g/L$,出现了劣 V 类的情况;砷(As)总含量为 $1.42\sim8.49~\mu g/L$,铅(Pb)总含量为 $0.01\sim7.36~\mu g/L$,锌(Zn)总含量为 $2.6\sim63.9~\mu g/L$,铬(Cr)总含量为 $0.06\sim3.44~\mu g/L$,铜(Cu)总含量为 $0.24\sim4.92~\mu g/L$,镉(Cd)总含量为 $0.005\sim0.160~\mu g/L$,镍(Ni)总含量为 $0.32\sim4.89~\mu g/L$,均符合 II 类水标准。湖泊湖荡水体中各项重金属含量较高,其中汞指标出现劣 V 类的情况。

表 3.3-4　里下河地区湖泊湖荡水相重金属总含量　单位:μg/L

分析指标	非汛期			汛期		
	最高值	最低值	均值±SD	最高值	最低值	均值±SD
汞	ND	ND	ND	6.36	0.17	2.38±1.57
砷	7.68	1.42	3.55±1.21	8.49	2.46	5.61±1.19
铅	7.36	0.36	1.98±1.31	0.27	0.01	0.055±0.058
锌	63.9	6.9	28.9±15.8	14.3	2.6	5.94±2.17
镉	0.160	0.005	0.03±0.03	0.048	ND	0.011±0.010
铬	3.44	0.06	0.71±0.66	0.11	ND	0.07±0.02
铜	4.92	0.55	2.01±1.05	1.28	0.24	0.75±0.24
镍	4.89	0.78	1.90±0.82	2.06	0.32	0.93±0.30

从图 3.3-7 和图 3.3-8 来看,里下河地区北部与中部的湖泊湖荡重金属含量较高,而南部湖泊相对较低。其中,锌、铅、镉、铬、铜、镍指标均呈现由北向南递减的趋势。重金属不能被生物降解,极易累积。其来源一般包括化工厂排放、农业化肥使用等。

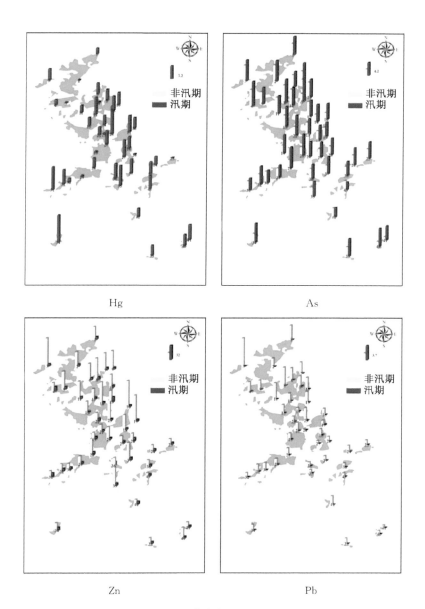

Hg

As

Zn

Pb

图 3.3-7　里下河地区湖泊湖荡水相重金属 Hg、As、Zn、Pb 含量分布

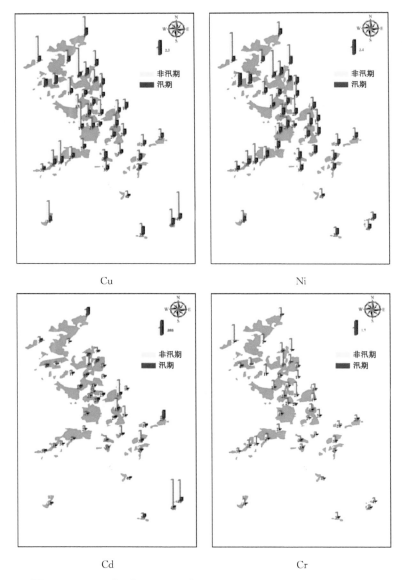

图 3.3-8　里下河地区湖泊湖荡水相重金属 Cu、Ni、Cd、Cr 含量分布

　　沉积物又是底栖生物的主要生活场所和食物来源,其中的重金属直接或间接地对底栖生物、覆水生物致毒致害,因此用来反映该地区的重金属污染现状更为贴切。从图 3.3-9 可以看出,沉积物中 8 种重金属的含量从大到小依次为:Zn(115.3 mg/kg)＞Cr(32.0 mg/kg)＞Ni(24.6 mg/kg)＞Cu(8.9 mg/kg)＞Pb(8.7 mg/kg)＞As(1.7 mg/kg)＞Hg(0.149 mg/kg)＞Cd(0.10 mg/kg)。南部湖泊湖荡沉积物中 Hg 的含量较低,但 As、Pb 和 Cd 含量较高。常规水质氮、磷含量较高的湖泊湖荡沉积物中重金属含量往往也高。

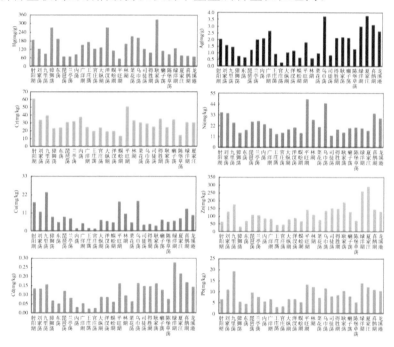

图 3.3-9　汛期里下河地区湖泊湖荡沉积物中重金属含量分布

3.3.3　新型污染物

　　对里下河地区湖泊湖荡上覆水、沉积物及沉积物孔隙水中抗生素含量进行分析,结果详见表 3.3-5。各湖泊湖荡抗生素检出总含量为 0.21~16.29 g/kg,其中上覆水只检出了一种抗生素——磺胺二甲嘧啶;沉积物中共检出了 5 种抗生素,按检出含量从大到小依次为:土霉素＞金霉素＞四环素＞恩诺沙星＞氧氟沙星,其中土霉素的含量比其他几种抗生素高 2~3 个数量级,均值可达 7.65 g/kg;沉积物孔隙水中检出了土霉素和四环素。

表 3.3-5　里下河地区湖泊湖荡新型污染物总含量

湖泊湖荡	含量(g/kg)	湖泊湖荡	含量(g/kg)
射阳湖	0.209 7	大纵湖	7.013 4
九龙口	5.303 8	蜈蚣湖	13.375 0
獐狮荡	13.111 7	王庄荡	4.804 8
九里荡	4.340 2	林湖	5.572 6
刘家荡	10.925 0	菜花荡	7.054 1
东荡	7.238 1	司徒荡	5.306 4
琵琶荡	7.912 4	绿洋湖	5.332 3
内荡	15.956 0	乌巾荡	7.803 2
兰亭荡	6.044 4	喜鹊湖	5.946 0
广洋湖	11.535 0	陈堡草荡	6.058 3
官庄荡	7.852 7	得胜湖	5.894 0

3.3.4　湖泊富营养化程度

运用综合营养状态指数法计算分析里下河地区湖泊湖荡富营养化现状。综合营养状态指数为:

$$TLI(\Sigma) = \sum_{j=1}^{m} W_j \times TLI(j)$$

式中:$TLI(\Sigma)$ 为综合营养状态指数;W_j 为第 j 种参数的营养状态指数的相关权重;$TLI(j)$ 为第 j 种参数的营养状态指数。

(1) 各参数营养状态指数计算公式:

$$TLI(\text{Chl}-\text{a}) = 10(2.5 + 1.086\ln\text{Chl}-\text{a})$$

$$TLI(\text{TP}) = 10(9.436 + 1.624\ln\text{TP})$$
$$TLI(\text{TN}) = 10(5.453 + 1.694\ln\text{TN})$$
$$TLI(\text{SD}) = 10(5.118 + 1.94\ln\text{SD})$$
$$TLI(\text{COD}_{\text{Mn}}) = 10(0.109 + 2.66\ln\text{COD}_{\text{Mn}})$$

式中：Chl-a（叶绿素 a）单位为 mg/m^3（也可写作 μg/L）；TP（总磷）、TN（总氮）、COD$_{\text{Mn}}$（高锰酸盐指数）的单位均为 mg/L；SD（透明度）的单位是 m。其中悬浮物（SS）与透明度（SD）的转化公式为：$\text{SS}^{\frac{1}{4}} = 8.103 - 5.847 \times \ln\text{SD}$。

（2）确定各参数权重，其中涉及叶绿素与其他参数的相关系数见表 3.3-6。

$$W_j = \frac{R_{ij}^2}{\sum\limits_{j=1}^{n} R_{ij}^2}$$

式中：R_{ij}^2 为第 j 个指标和叶绿素浓度的相关关系；W_j 为第 j 个指标的权重；n 为指标个数。

表 3.3-6　评价参数和叶绿素 a 的相关关系表

评价参数	Chl-a	TP	TN	SD	COD$_{\text{Mn}}$
R_{ij}	1	0.84	0.82	−0.83	0.83
R_{ij}^2	1	0.705 6	0.672 4	0.688 9	0.688 9
W_j	0.266 3	0.187 9	0.179 0	0.183 4	0.183 4

（3）营养等级划分

对水质参数进行富营养化评价计算，计算方法参照《地表水环境质量评价办法（试行）》中对湖泊营养状态的评价，采用综合营养状态指数 $TLI(\Sigma)$ 来评价湖泊湖荡的营养状态。评价分级 $TLI(\Sigma) < 30$，贫营养；$30 \leqslant TLI(\Sigma) \leqslant 50$，中营养；$50 < TLI(\Sigma) \leqslant 60$，轻度富营养；$60 < TLI(\Sigma) \leqslant 70$，中度富营养；$TLI(\Sigma) > 70$，重度富营养。

目前，里下河地区湖泊湖荡营养状态总体处于中营养—重度富营养,其中獐狮荡具有重度富营养化风险,东荡、郭正湖、绿洋湖具有中度富营养化风险,其余湖泊湖荡具有轻度富营养化风险。

3.4 水生态评价

3.4.1 水生态评价方法

在淡水生态系统中,浮游植物、浮游动物、底栖动物及鱼类等水生动物对水生态系统的功能非常重要。浮游植物指浮游藻类,是水生态监测的重要指示生物。例如,浮游植物在水域生态系统的能量流动、物质循环和信息传递中都起着至关重要的作用,能够综合、真实地反映出水体的生态条件和营养状况,反映水体污染程度。大型底栖动物,是河流生态系统的重要组成部分,可推动生态系统的物质循环和能量流动,对生态系统的构成具有重要的生物学意义。

群落结构的改变在一定程度上影响水生态系统的结构与功能,因此,群落结构特征在一定程度上能反映水体生态环境状况。结合湖泊湖荡生物监测,利用 Shannon-Wiener 多样性指数(H')和 Pielou 均匀度指数(J)对里下河腹部地区湖泊湖荡进行群落结构多样性分析。

Shannon-Wiener 多样性指数(H'):

$$H' = -\sum_{i=1}^{n} \left(\frac{n_i}{N}\right) \log_2 \left(\frac{n_i}{N}\right)$$

Pielou 均匀度指数(J):

$$J = \frac{H'}{\ln a_i}$$

式中:n_i 为第 i 个湖泊湖荡中种群的个数;N 为同一湖泊湖荡中所有种群的总个数;a_i 为第 i 个湖泊湖荡出现的种类数。

Shannon-Wiener 多样性指数(H')为 γ 多样性,主要描述区域或大陆尺度的多样性,是指区域或大陆尺度的物种数量,也被称为区域多样性。控制该多样性的生态过程主要为水热动态、气候和物种形成及演化的历史。群落中每一个体若都属于不同种,则多样性指数最大,反之最小。Pielou 均匀度指数(J)表征各种间个体分配的均匀程度,个体分配越均匀其指数越大。在多样性指数一定的情况下,若群落中每一个体都属同一种类,则均匀度指数最大,反之最小。当多样性指数与均匀度指数同高时,代表该群落不仅生物种类多样,而且生物个体在群落中分布十分均匀,表示该群落多样性非常丰富,反之多样性差。当多样性指数高但均匀度指数低或者多样性指数低而均匀度指数高时,生物多样性阈值会出现相似的情况。

3.4.2 浮游植物

(1)群落组成

根据现场调查数据资料,并参考何欣霞等(2019)和孟顺龙等(2015)的研究,里下河地区湖泊湖荡共采集到浮游植物 7 门 50 属89 种,其中绿藻门 20 属 37 种;硅藻门 16 属 26 种;裸藻门 5 属 13种;蓝藻门 4 属 7 种;隐藻门 2 属 3 种;甲藻门 2 属 2 种;金藻门 1 属1 种。总体而言,绿藻门占比最大,硅藻门次之,其中绿藻门、硅藻门和裸藻门占比在 85% 以上,详见图 3.4-1。

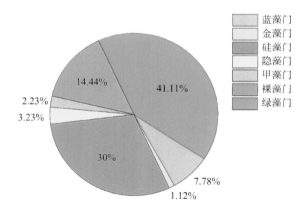

图 3.4-1 里下河地区湖泊湖荡浮游植物群落组成

（2）细胞丰度与生物量

通过分析浮游植物细胞丰度与生物量可知，绿藻门、硅藻门、隐藻门细胞丰度在各湖泊湖荡中较高且有明显占比，隐藻门生物量在各湖泊湖荡中较高且有明显占比，绿藻门与硅藻门为里下河地区湖泊湖荡主要浮游植物门类，详见图3.4-2。

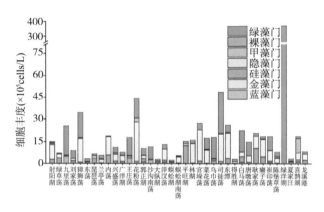

（a）细胞丰度

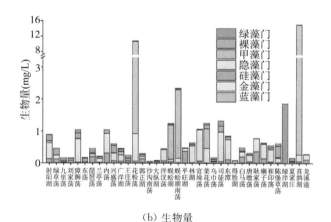

（b）生物量

图 3.4-2　里下河地区湖泊湖荡浮游植物细胞丰度与生物量

（3）群落多样性

运用 Shannon-Wiener 多样性指数（H'）和 Pielou 均匀度指数（J），评估里下河地区湖泊湖荡浮游植物群落多样性。里下河地区湖泊湖荡 H' 范围为 0.75～3.77，J 范围为 0.24～0.89，其中东荡、九里荡、大纵湖、郭正湖、崔印荡、得胜湖、陈堡草荡、夏家汪群落多样性较好，花粉荡、平旺湖、林湖、癞子荡、耿家荡、菜花荡、官垛荡、司徒荡、唐墩荡、绿洋湖群落多样性较差，详见图 3.4-3。

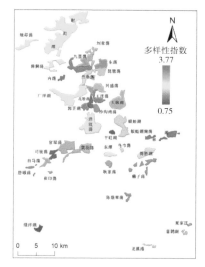

图 3.4-3　里下河地区湖泊湖荡群落多样性特征

3.4.3　浮游动物

参考《泰州市养殖水域滩涂规划》、《兴化市养殖水域滩涂规划》、《建湖县养殖水域滩涂规划》、《2015—2016 年度大纵湖水生态监测总结报告》以及《2015—2016 年度射阳湖水生态监测总结报告》等资料，据不完全统计，里下河地区湖泊湖荡全年浮游动物水样镜检到的浮游动物种类共计 60 种，其中原生动物 17 种，占检出总种类的 28.3%；轮虫 28 种,占检出总种类的 46.7%;枝角类 8 种,占检出总种类的 13.3%;桡足类 7 种,占检出总种类的 11.7%。不同湖区在物种组成以及物种丰富度上存在一定差异,物种丰富度比较高的有大纵湖以及射阳湖等,大纵湖浮游动物的总数量为 474.7~2 520.7 ind./L,射阳湖浮游动物的总数量为 677.8~2 050.4 ind./L,均以原生动物和轮虫为主,两者占比达 98% 以上,枝角类和桡足类的数量较少,占比不到 2%,详见图 3.4-4。里下河境内主要浮游动物详见表 3.4-1。

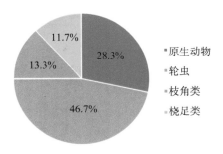

图 3.4-4 里下河地区浮游动物物种组成

表 3.4-1 里下河境内主要浮游动物名录

种名	拉丁名
江苏似铃壳虫	*Tintinnopsis kiangsuensis*
锥形似铃壳虫	*Tintinnopsis conicus*
王氏似铃壳虫	*Tintinnopsis wangi*
球形砂壳虫	*Difflugia globulosa Dujardin*
叉口砂壳虫	*Difflugia gramen*
曲腿龟甲轮虫	*Keratella valga*
萼花臂尾轮虫	*Brachionus calyciflorus Pallas*
剪形臂尾轮虫	*Brachionus forficula*
针簇多肢轮虫	*Polyarthra trigla*
梳状疣毛轮虫	*Synchaeta pectinata*
角突臂尾轮虫	*Brachionus angularis*

种名	拉丁名
壶状臂尾轮虫	*Brachionus urceus*
裂足臂尾轮虫	*Brachionus diversicornis*
长三肢轮虫	*Filinia longisela*
梨形单趾轮虫	*Monostyla pyriformis*
螺形龟甲轮虫	*Keratella cochlearis*
矩形龟甲轮虫	*Keratella quadrata*
月形腔轮虫	*Lecane buna*
前节晶囊轮虫	*Asplanchna priondonta Gosse*
尾猪吻轮虫	*Dicranophorus caudatus*
细长肢轮虫	*Monommata longiseta*
跃进三肢轮虫	*Filinia passn*
唇形叶轮虫	*Notholon labis*
长肢秀体溞	*Diaphanosoma leuchtenbergianum*
圆形盘肠溞	*Chydorus sphaericus*
隆线溞	*Daphnia carinata*
英勇剑水蚤	*Cyclops strenmus*
点滴尖额溞	*Alona guttataSars*
多刺裸腹溞	*Moina macrocopa Straus*
简弧象鼻溞	*Bosmina coregoniBaird*

3.4.4　底栖动物

（1）群落组成

根据现场调查,里下河地区湖泊湖荡底栖动物共鉴出 16 种,其中寡毛纲 2 种、蛭纲 2 种、昆虫纲 5 种、腹足纲 4 种、双壳纲 1 种、甲壳纲 2 种。优势种为腹足纲的铜锈环棱螺,其次为寡毛纲的苏氏尾鳃蚓和昆虫纲的红裸须摇蚊。详见图 3.4-5。

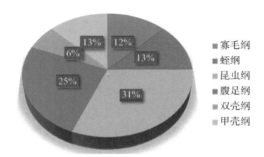

图 3.4-5 里下河地区底栖动物群落组成

（2）密度和生物量

通过分析里下河地区湖泊湖荡底栖动物密度和生物量可知，底栖动物密度最高的湖泊湖荡为官庄荡与大纵湖，这两个湖泊湖荡中，铜锈环棱螺占比在 90% 以上，物种分布极不均匀；底栖动物密度最低的是耿家荡和乌巾荡。底栖动物检出生物量最高的湖泊湖荡为大纵湖和蜈蚣湖。结合各湖泊湖荡底栖动物群落组成可知，密度较高的湖泊湖荡底栖动物检出种属多为腹足纲、寡毛纲及昆虫纲。详见图 3.4-6。

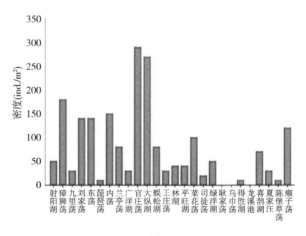

（a）

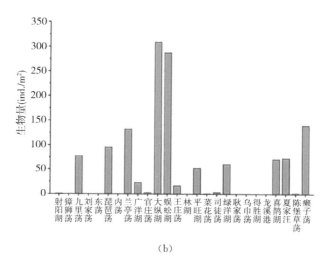

（b）

图 3.4-6　里下河地区湖泊湖荡底栖动物密度与生物量

3.4.5　水生高等植物

参考《泰州市养殖水域滩涂规划》、《兴化市养殖水域滩涂规划》、《建湖县养殖水域滩涂规划》、《2015—2016 年度大纵湖水生态监测总结报告》以及《2015—2016 年度射阳湖水生态监测总结报告》等，据不完全统计，里下河腹部地区湖泊湖荡监测到的水生植物共计 45 种。按生活类型计，挺水植物 20 种，沉水植物 10 种，浮水植物 15 种。综合来看，里下河地区湖泊湖荡优势种主要为挺水植物芦苇、茨菰、喜旱莲子草以及沉水植物菹草等，不同湖泊在不同时期的优势种存在一定差异。里下河湖泊湖荡常见水生高等植物详见表 3.4-2。

表 3.4-2　里下河湖泊湖荡常见水生高等植物名录

种名	拉丁名
挺水植物	
芦苇	*Phragmites australis*
蒲草	*Typha angustifolia*
茭白	*Zizania latifolia*（Griseb.）Stapf
荸荠	*Eleocharis dulcis*
水芹	*Oenanthe javanica*（Blume）DC.
茨菰	*Sagittaria sagittifolia* L.
水葱	*Scirpus validus* Vahl
芦竹	*Arundo donax*
荷花	*Nelumbo* sp.
鱼腥草	*Houttuynia cordata* Thunb.
香蒲	*Typha orientalis* C. Presl
喜旱莲子草	*Alterranthera philoxeroides*
菖蒲	*Acorus calamus* L.
千屈菜	*Lythrum salicaria* L.
灯芯草	*Juncus effusus* L.
半夏	*Pinellia ternata*
水龙	*Ludwigia adscendens*
稗	*Echinochloa crus－galli*
狭叶香蒲	*Typha angustifolia*
沉水植物	
菹草	*Potamogeton crispus*
罗氏轮叶黑藻	*Hydrilla verticillata*
光叶眼子菜	*Potamogeton lucens* L.
马来眼子菜	*Potamogeton wrightii* Morong
金鱼藻	*Ceratophyllum demersum* L.
苦草	*Vallisneria asiatica*

续表

种名	拉丁名
狐尾藻	*Myriophyllum verticillatum* L.
水盾草	*Cabomba caroliniana* A. Gray
伊乐藻	*Elodea canadensis* Michx.
漂水植物	
满江红	*Azolla imbricata*
浮萍	*Lemna minor* L.
紫萍	*Spirodela polyrhiza*（L.）Schleid.
野菱	*Trapa incisa* var. sieb.
水鳖	*Hydrocharis dubia*（Bl.）Backer
槐叶萍	*Salvinia natans*
睡莲	*Nymphaea* L.
蘋	*Marsilea quadrifolia* L.
荇菜	*Nymphoides peltata*（Gmel.）Kuntze
茶菱	*Trapella sinensis* Oliv.
金银莲花	*Nymphoides indica*（L.）Kuntze
芡实	*Euryale ferox*
欧菱	*Trapa natans* L.
凤眼莲	*Eichhornia crassipes*（Mart.）Solms
莼菜	*Brasenia schreberi* J. F. Gmel.

3.4.6　鱼类

参考《泰州市养殖水域滩涂规划》《兴化市养殖水域滩涂规划》《建湖县养殖水域滩涂规划》等资料。里下河腹部地区湖泊湖荡主要鱼类超过 60 余种,以鲤科为主。主要经济鱼类有鲤、鲫、鳊、鲌、鳜、乌、黄颡等,湖中亦产青虾、白虾、罗氏沼虾等。除天然捕捞外,养殖生产发展较快,养殖种类以草鱼、团头鲂、鲢、鳙、鲤、鲫和河蟹为主。里下河境内主要鱼类详见表 3.4-3。

表 3.4-3 里下河境内鱼类名录

种名	拉丁名	种名	拉丁名
刀鲚	*Coilia nasus*	短颌鲚	*Coilia brachygnathus*
凤鲚	*Coilla mystus*	鲻鱼	*Mugil cephalus*
草鱼	*Ctenopharyngodon*	胭脂鱼	*Myxocyprinus asiaticus*
青鱼	*Mylopharyngodon piceus*	棒花鱼	*Abbottina rivularis*
鳊鱼	*Parabramis pekinensis*	鲫	*Carassius auratus*
翘嘴鲌	*Culter alburnus*	鲤	*Cyprinus carpio*
团头鲂	*Megalobrama amblycephala*	黄颡	*Tachysurus fulvidraco*
花鲭	*Hemibarbus maculatus*	鲇	*Silurus asotus*
麦穗鱼	*Pseudorasbora parva*	赤眼鳟	*Squaliobarbus curriculus*
长蛇鉤	*Saurogobio dumerili*	中华鳑鲏	*Rhodeus sinensis*
鲢	*Hypophthalmichthys molitrix*	子陵吻鰕虎鱼	*Rhiongobius giurinus*
鳙	*Aristichthys nobilis*	青鳉	*Oryzias latipes*
泥鳅	*Misgurnus anguillicaudatus*	陈氏新银鱼	*Neosalanx tangkahkeii*
黄鳝	*Monopterus albus*	长吻鮠	*Leiocassis longirostris*
乌鳢	*Channa argus*	中华花鳅	*Cobitis sinensis*
中华刺鳅	*Sinobdella sinensis*	银鉤	*Squalidus argentatus*
鳜	*Siniperca chuatsi*	华鳈	*Sarcocheilichthys sinensis*
河川沙塘鳢	*Odontobutis potamophilus*	似鳊	*Pseudobrama simoni*
瓦氏黄颡鱼	*Pelteobagrus vachelli*	银飘鱼	*Pseudolaubuca sinensis*
银鲴	*Xenocypris argentea*	红鳍原鲌	*Cultrichthys erythropterus*
鳤鱼	*Elopichthys bambusa*	白条	*Hemiculter leucisulus*
鯮鱼	*Luciobrama macrocephalus*	鳡	*Ochetobius elongatus*
铜鱼	*Coreius heterodon*	圆尾斗鱼	*Macropodus chinesis*
圆尾拟鲿	*Pseudobagrus tenuis*	波氏吻鰕虎鱼	*Rhinogobius cliffordpopei*
食蚊鱼	*Gambusia affinis*	大口鲇	*Silurus meridionalis* Chen
胡鲇	*Clarias batrachus*	长须黄颡鱼	*Pelteobagrus eupogon*
大鳍鳠	*Hemibagrus macropterus*	大鳞副泥鳅	*Paramisgurnus dabryanus*

续表

种名	拉丁名	种名	拉丁名
花斑副沙鳅	*Parabotia fasciata* Dabry	高体鳑鲏	*Rhodeus ocellatus*
大口鳈	*Acheilognathus macromandibularis*	彩鳑	*Acheilognathus imberbis*
亮银鉤	*Squalidus nitens*	蛇鉤	*Saurogobio dabryi*
鳗鲡	*Anguilla japonica*	圆尾斗鱼	*Macropodus chinensis*
花鲈	*Lateolabrax japonicus*	三线舌鳎	*Cynoglossus trigrammus* Gunther
暗纹东方鲀	*Takifuguo bscurus*		

第四章

湖泊湖荡生态胁迫因子及其影响机制

4.1 生境主要影响因子识别

里下河湖泊湖荡 DO、COD_{Mn}、氨氮和 TP 监测结果显示,水质总体为非汛期劣于汛期,这与生物监测对水质状况的评价结果一致。化学监测与分析一般为定期取样,得出的结果只能代表取样时水体的瞬时状况,不能反映出取样前后的水质状态;而生活于水中一定地段的浮游植物和其他生物,汇集了整个生活时期内的环境因素,因而更易于反映出一段时间内的水质状况。但目前生物监测更多的是一种定性描述,不够精确。因此,如果可以掌握生物组成与理化因子间的相关规律,就可以通过生物群落结构的变化对水质变化趋势进行预测。

在进行多元统计分析之前,应对物种变量和除 pH 值以外的环境变量进行 $\log(X+1)$ 转换,以满足数据正态分布要求或消除极值的影响。环境因子分别为 pH 值、溶解氧(DO)、温度(T)、总氮(TN)、总磷(TP)、磷酸根(PO_4^{3-})、氨氮($NH_3 - N$)及高锰酸盐指数(COD_{Mn})。在 RDA 图中,红色箭头线段越长表示该环境因子对底栖动物的影响大;蓝色线段越长表示被影响程度大;蓝色与红色线段夹角的余弦值表示相关性大小,锐角为正相关,钝角为负相关。

4.1.1　浮游植物与环境因子关系

由表 4.1-1 和图 4.1-1 可看出,非汛期细胞丰度与 pH 值和高锰酸盐指数相关($P<0.05$),与溶解氧显著相关($P<0.01$)。而环境因子与生物量之间的关系不显著。表中所选三种藻是非汛期整个湖泊湖荡的优势种群。优势种群中啮蚀隐藻属好污性物种,倾向于生长在温度较低的肥水中,非汛期采样在春季,水温较低,且水体氮含量高,因此啮蚀隐藻与氨氮含量显著相关,对水环境有一定的指示作用。优势种群绿藻门四尾栅藻属耐污性物种,喜生活在营养水平高的水体中,随着光合作用产生氧气,使水体中 DO 含量增加,因此其与水体 DO 含量呈现显著相关($P<0.01$)。通常而言,营养盐较高的水体环境能促进浮游植物数量的快速增长。依据况琪军、王瑜等学者对优势种与营养状态关系的研究表明,梅尼小环藻、啮蚀隐藻和尖尾蓝隐藻可作为富营养化水体的指示物种,栅藻适应性强,能在多种营养类型水体中采集到,但常在富营养型水体中占优势。硅藻门梅尼小环藻喜生活在温度较低、有机质丰富且处于混合状态水体的春季。此时,里下河各湖泊湖荡氮磷比大于 15,水体中氮相对充足而磷相对不足,磷因此成为影响该种藻类生长的主要限制因子,所以梅尼小环藻与 TP 和 PO_4^{3-} 显著相关($P<0.01$)。COD_{Mn} 通过高锰酸钾的消耗量计算耗氧量,从而间接反映藻类生长。

表 4.1-1　非汛期里下河湖泊湖荡群落结构与理化指标的 Pearson 相关系数

指标	总氮	总磷	磷酸根	氨氮	温度	溶解氧	pH 值	COD_{Mn}
生物量	−0.088	0.066	0.075	0.057	0.064	0.188	0.205	−0.044
细胞丰度	0.174	0.112	0.020	0.018	0.173	0.558**	0.402*	0.413*
啮蚀隐藻	0.269	0.120	0.031	0.321*	0.066	−0.056	−0.175	0.188
四尾栅藻	0.087	0.019	−0.104	−0.094	0.190	0.608**	0.407*	0.295
梅尼小环藻	0.384*	0.490**	0.459**	0.114	−0.046	−0.250	−0.233	0.671**

注:* 表示在 0.05 水平检验显著,** 表示在 0.01 水平检验显著(双侧)。

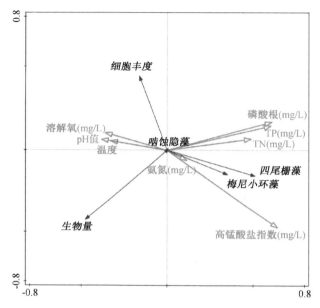

图 4.1-1   非汛期里下河湖泊湖荡浮游植物与环境因子的 RDA 图

由表 4.1-2 可看出,汛期细胞丰度与总氮、总磷、磷酸根和氨氮这 4 个营养盐含量关系密切($P<0.05$)。汛期水体搅动大,水量增加,营养盐相对稀释,水体中营养物质并没有枯水期充足,细胞丰度与营养盐显著正相关,营养盐成为汛期浮游植物细胞丰度的限制因子。

表 4.1-2   汛期各湖泊湖荡水体中浮游植物的优势种类

指标	总氮	总磷	磷酸根	氨氮	温度	溶解氧	pH 值	COD$_{Mn}$
生物量	−0.071	−0.126	−0.096	−0.062	0.028	−0.003	−0.057	−0.084
细胞丰度	0.361*	0.362*	0.331*	0.366*	0.051	0.048	−0.061	0.085
双尾栅藻	−0.067	0.060	0.142	−0.183	−0.345*	−0.146	−0.263	−0.268
二形栅藻	0.117	0.006	−0.025	0.149	−0.338*	−0.266	−0.287	−0.048
四尾栅藻	0.171	0.105	0.109	0.281	−0.344*	−0.119	−0.151	−0.110

注:* 表示在 0.05 水平检验显著,** 表示在 0.01 水平检验显著(双侧)。

主要优势种群二形栅藻、四尾栅藻和双尾栅藻（同属绿藻门）与环境因子温度呈显著负相关（$P<0.05$）。这是因为绿藻适宜生长的温度为 20～25℃，而汛期水温多为 30℃ 及以上，使绿藻生长反而受到限制，因此与温度呈现负相关。

4.1.2 底栖动物与环境因子关系

图 4.1-2 显示的是非汛期底栖动物与环境因子间的 RDA 图。所选环境因子可以解释前两轴 53.09% 的底栖动物群落变异。底栖动物中暂未筛选出清洁种。浅白雕翅摇蚊和背瘤丽蚌都与磷酸根呈现显著正相关关系，与总氮呈现负相关关系，方格短沟蜷与 COD_{Mn}

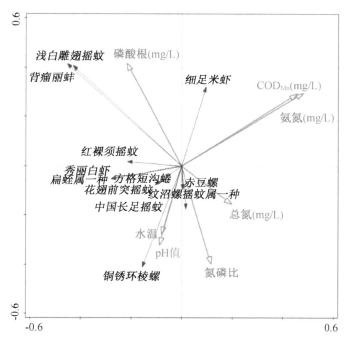

图 4.1-2 非汛期里下河湖泊湖荡底栖动物与环境因子的 RDA 图

和氨氮呈现负相关关系。由此可见,摇蚊类幼虫可作为环境污染指示物种。在水质评价为污染水平的獐狮荡、广洋湖等水体中均检出多种昆虫纲的摇蚊类。

4.2 生境对景观格局演变的响应

4.2.1 湖泊湖荡景观格局演变

（1）遥感影像解译与景观指数计算

为研究里下河腹部地区湖泊湖荡的景观格局演变,收集了研究区 1985 年、1990 年、1995 年、2000 年、2005 年、2010 年、2015 年及 2018 年共八个时期的 30 m 空间分辨率 Landsat 系列遥感影像(http://www.gscloud.cn/)。不同时期 Landsat 遥感数据信息如表 4.2-1 所示,考虑到里下河地区湖泊湖荡景观类型在汛期和非汛期存在一定的差异,为保证遥感数据的有效性和可比性,八个时期均选择冬季的遥感影像数据,且云量覆盖度均小于 4%。基于各个时期的 Landsat 遥感影像,进行图像几何校正、大气校正及配准并对图像进行拼接与裁剪。

参考土地利用分类方法,通过引入景观生态学的基本方法和原理,以湖泊湖荡保护范围为基质,并结合里下河地区湖泊湖荡围网养殖的特点,将湖泊湖荡的景观类型分为湿地、自由水面、围圩（切割水面的圩子或堤坝）、养殖水面、高密度养殖水面（养殖更加集约化的水面,指围圩密度较大的养殖塘水面）共 5 类。影像解译主要使用面向对象分类的 eCognition Developer 软件,采用监督分类和人工解译相结合的方式,从而保证分类精度的可靠性。并结合目视解译和历史高分辨率影像进行精度验证,分类精度达 90%以上。

表 4.2-1 不同时期 Landsat 遥感数据信息

时间	传感器详细信息	空间分辨率	云量(%)
1985 年	LT51200371985338HAJ00	30 m	0.03
1990 年	LT51200371989349HAJ00	30 m	0.57
1995 年	LT51200371995030HAJ00	30 m	0.51
2000 年	LT51200371999345HAJ00	30 m	0.17
2005 年	LE71200372005001EDC00	30 m	0.04
2010 年	LE71200372010351EDC00	30 m	0.02
2015 年	LE71200372014346EDC00	30 m	0.16
2018 年	LC81200372018013LGN00	30 m	3.80

采用美国俄勒冈州立大学开发的 Fragstats 软件进行景观格局指数的计算和分析,该软件能够计算 50 种左右的景观指标,可以在斑块水平指数(patch-level index)、斑块类型水平指数(class-level index)以及景观水平指数(landscape-level index)3 个层次上分析,并分别代表了三种不同的研究尺度。由于斑块指数对了解整个景观的结构并不具有很大的解释价值,不做深入探讨。

通过结合里下河地区湖泊湖荡的实际特点,分别选取 2 种斑块类型水平指数(LPI 和 PD)和 3 种景观水平指数(CONTAG、LPI 和 PD)进行景观格局指数分析,各景观指数及其生态学含义如表 4.2-2 所示,其详细计算公式和含义可参见相关文献。

表 4.2-2 景观指数及其生态学意义

景观指数	计算公式	生态学意义
蔓延度指数	$CONTAG =$ $$\left[1 + \frac{\sum_{i=1}^{n}\sum_{k=1}^{n} P_i\left(g_{ik}/\sum_{k=1}^{n}g_{ik}\right)\times \ln P_i\left(g_{ik}/\sum_{k=1}^{n}g_{ik}\right)}{2\ln n}\right]\times 100$$ 式中:P_i 为第 i 类斑块面积占总面积的比例;g_{ik} 为斑块类型 i 与 k 之间的连接数;n 为景观中斑块类型总数;该指数单位为%	其值较大,表明景观中的优势斑块类型形成了良好的连接,反之,表明景观是具有多种要素的散布格局,景观破碎化程度高

景观指数	计算公式	生态学意义
最大斑块指数	$LPI = \dfrac{a_{max}}{A} \times 100$ 式中：a_{max} 为景观或某类斑块中最大斑块的面积；A 为景观所有斑块或某种斑块类型总面积；该指数单位为%	其值大小决定着景观中的优势种、内部种的丰度等生态特征，其值的变化可以改变干扰的强度的频率，反映人类活动的方向和强弱
斑块密度	$PD = \dfrac{N_i}{A_i}$ 式中：A_i 为景观或景观中 i 类斑块的面积（km^2）；N_i 为景观或景观中 i 类斑块的斑块数量（个）；该指数单位为个/km^2	值越大，表明单位面积上的斑块数越多，景观破碎化程度越大，反之破碎化程度低

（2）斑块类型水平指数变化

图 4.2-1 为 1985—2018 年里下河腹部地区湖泊湖荡的景观格局指数在斑块类型水平上的变化趋势图，其中图 4.2-1（a）为 1985—2018 年里下河腹部地区湖泊湖荡 LPI 的变化趋势图，图 4.2-1（b）为 1985—2018 年里下河腹部地区湖泊湖荡 PD 的变化趋势图。从图中可以看出，对于 LPI 的变化而言，湿地和自由水面的 LPI 总体为下降趋势，而围垦、养殖和高密度养殖的 LPI 为持续增长趋势，其中在 1985—1995 年间，湿地的 LPI 远高于其他斑块类型，但其 LPI 在 1995—2000 年间降幅极大，而自 2000 年起，围垦、养殖和高密度养殖这两种养殖类斑块类型的 LPI 较高，表明养殖类斑块逐渐演变为湖泊湖荡的优势斑块。对于 PD 的变化而言，湿地的 PD 为先增加后减小趋势，自由水面的 PD 为显著下降趋势，围垦、养殖的 PD 总体为增加趋势，高密度养殖为不太显著的上下波动趋势，其中 1985—1995 年间，自由水面的 PD 高于其他斑块类型，1990—2000 年间，围垦、养殖的 PD 快速且持续增加，自 2000 年后围垦、养殖的 PD 明显高于其他斑块类型，虽然高密度养殖更加集约化，但其斑块类型并不存在于每一个湖泊湖荡，所以其破碎化程度在湖泊湖荡整

体的研究尺度上显示并不高,最终湖泊湖荡 *PD* 的变化趋势表明围圩、养殖斑块类型的破碎化程度较高。

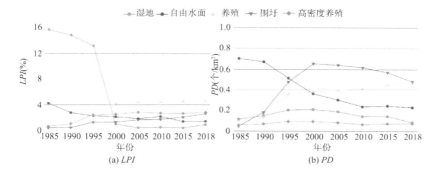

图 4.2-1　1985—2018 年湖泊湖荡景观格局指数在斑块类型水平上的变化趋势

　　图 4.2-2 为 1985—2018 年 39 个湖泊湖荡((其中蜈蚣湖及南荡按蜈蚣湖及蜈蚣湖南荡分开计算))景观格局指数 *LPI* 在斑块类型水平上的时空变化图。从时间序列上的变化可知,各湖泊湖荡湿地和自由水面的 *LPI* 总体为减小的趋势,而围圩、养殖和高密度养殖总体为逐渐增大的趋势,表明养殖类斑块类型逐渐演变为各湖泊湖荡的优势斑块。其中在 1985—1990 年间,各湖泊湖荡湿地与沙沟南荡、大纵湖、平旺湖、乌巾荡、夏家汪、喜鹊湖、龙溪港自由水面的 *LPI* 较高;1990—2000 年间,早期以湿地或自由水面为优势斑块的湖泊湖荡快速演变为围圩、养殖和高密度养殖;2000—2018 年间,各湖泊湖荡围圩、养殖和高密度养殖的 *LPI* 较高,而较为特殊的大纵湖和喜鹊湖自由水面的 *LPI* 一直较高,表明自由水面为大纵湖和喜鹊湖的优势斑块。从空间分布上的变化可知,北部与中部部分湖泊湖荡围圩、养殖逐渐成为优势斑块,主要演变过程为湿地—围圩、养殖,少数为自由水面—围圩、养殖;同时南部和中部部分湖泊湖荡高密度养殖逐渐成为优势斑块,主要演变过程为湿地—高密度养殖,例如

北部射阳湖、刘家荡与中部广洋湖、花粉荡、官庄荡、司徒荡为典型的湿地演变为围圩、养殖的湖泊湖荡,中部得胜湖、白马荡、崔印荡与绿洋湖为典型的湿地演变为高密度养殖的湖泊湖荡,中部沙沟南荡、平旺湖、乌巾荡为典型的自由水面演变为围圩、养殖的湖泊湖荡。

图 4.2-3 为 1985—2018 年 39 个湖泊湖荡景观格局指数 PD 在斑块类型水平上的时空变化图。从时间序列上的变化可知,各湖泊湖荡湿地和自由水面的 PD 总体为减小的趋势,而围圩、养殖和高密度养殖总体为逐渐增大的趋势,表明围圩、养殖和高密度养殖的破碎化程度较高。其中 1985—1990 年间,各湖泊湖荡主要斑块类型为湿地和自由水面,且湿地和自由水面均为大面积斑块,故早期各湖泊湖荡的 PD 较低,1990—2000 年间各湖泊湖荡围圩、养殖和高密度养殖的 PD 逐渐增加,自 2000 年后各湖泊湖荡围圩、养殖和高密度养殖的 PD 显著增大。从空间分布上的变化可知,各湖泊湖荡围圩、养殖的 PD 总体较高,南部和部分中部湖泊湖荡高密度养殖的 PD 较高,其中北部射阳湖各类斑块的 PD 均较低,表明射阳湖的破碎化程度低于其他湖泊湖荡;中部崔印荡和南部陈堡草荡围圩、养殖的 PD 极高,表明崔印荡和陈堡草荡围圩、养殖的破碎化程度高于其他湖泊湖荡;中部得胜湖、白马荡和绿洋湖高密度养殖的 PD 极大,表明得胜湖、白马荡、绿洋湖高密度养殖的破碎化程度极大。

(3)景观水平指数变化

图 4.2-4 为 1985—2018 年湖泊湖荡景观格局指数在景观水平上的变化趋势图。从图中可以看出,$CONTAG$ 为先减小后增大的趋势,其值在 1985 年为最大值,表明此时湿地为主要斑块类型且湿地斑块间形成良好连接;然而其值在 1995 和 2000 年均较低,表明围圩、养殖在这一时期逐渐兴起,且景观呈现出具有多种斑块类型的碎片式散布格局,破碎化程度较高;同时自 2000 年起,随着围圩、养殖的大规模发展,围圩、养殖为主要斑块类型且斑块间的连接性逐渐增强。LPI 为先减小后波动不大的变化趋势,尤其在 1995—2000 年间快速降低,此时人类干扰强度极大,湿地斑块面积急剧减少;2000

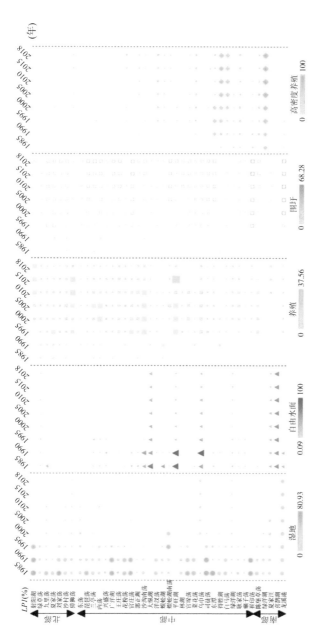

图 4.2-2 1985—2018 年湖泊湖荡景观格局指数 *LPI* 在斑块类型水平上的时空变化

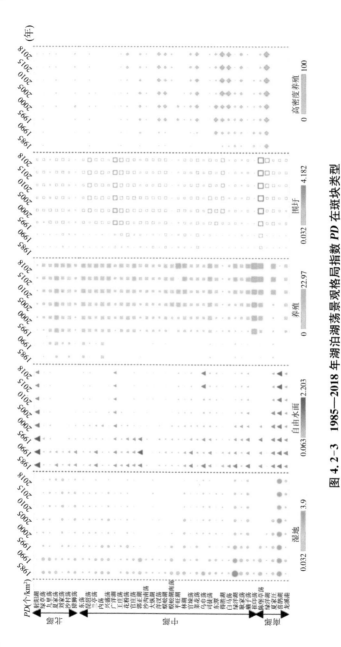

图 4.2-3　1985—2018 年湖泊湖荡景观格局指数 *PD* 在斑块类型水平上的时空变化

年后 *LPI* 变化不明显,表明人类干扰依然剧烈,优势斑块的最大斑块面积趋于稳定,同时由于破碎化程度的增加,这一期间 *LPI* 仍显著低于 1985—1995 年的 *LPI*。*PD* 总体为持续增长的趋势,反映人类活动强度不断增加,斑块破碎化程度持续增大,其中在 1995 年增长速率较快,此时围垦、养殖快速兴起,湖泊湖荡被分割为形状不一的养殖斑块,破碎化程度显著增强。

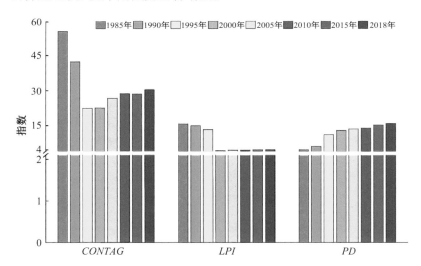

图 4.2-4 1985—2018 年湖泊湖荡景观格局指数在景观水平上的变化趋势

图 4.2-5 为 1985—2018 年 39 个湖泊湖荡景观格局指数在斑块类型水平上的时空变化图。从图中可知,各湖泊湖荡 *CONTAG* 为 0~100%,*LPI* 为 8~100%,*PD* 为 0.5~30.0 个/km²。从时间序列上的变化可知,各湖泊湖荡 *CONTAG* 与 *LPI* 在 1985—1990 年整体均值分别为 64.78%±13.68% 与 46.40%±20.84%,相比其他年份 *CONTAG* 与 *LPI*(整体均值分别为 51.54%±10.87% 与 34.47%±18.04%)较大;而 *PD* 变化规律相反,表现为在 1985—1990 年整体均值为(5.25±4.07)个/km²,相比其他年份 *PD*〔整体均值为(13.71±6.3)个/km²〕较小,表明 1995—2018 年间各湖泊湖

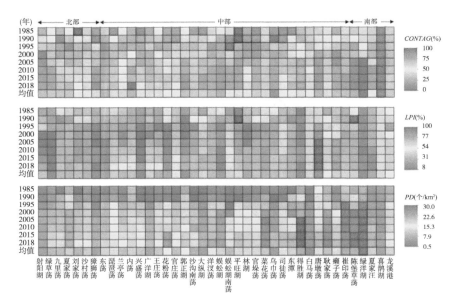

图 4.2-5 1985—2018 年里下河腹部地区湖泊湖荡景观格局指数在斑块类型水平上的时空变化

荡破碎化程度总体为增长趋势,且优势斑块的最大斑块面积也在增加。从空间分布上可知,各湖泊湖荡 CONTAG 均值在 1985 年和 1990 年无显著差异;从 2000 年以后每一期的值均由北向南递增,其中绿洋湖 CONTAG 值最低为 32.20%±32.23%,南部喜鹊湖 CONTAG 值最大为 83.10%±0.58%。以 2018 年为例,北部为 44.21%±0.90%,中部为 51.75%±7.79%,南部为 55.14%±19.33%。各湖泊湖荡 LPI 均值由北向南递增,其中中部司徒荡、唐墩荡及癫子荡 LPI 均值明显高于其他湖泊湖荡,分别为 64.81%±5.96%、86.47%±15.14%、64.50%±17.71%。以 2018 年为例,北部为 19.48%±12.11%,中部为 39.90%±17.87%,南部为 44.03%±23.00%。各湖泊湖荡 PD 均值中部最高,南部次之,北部最低。其中中部得胜湖、崔印荡,南部陈堡草荡、绿洋湖 PD 显著

较高,均值分别为(20.71±7.21)个/km²、(20.89±6.66)个/km²、
(20.46±6.98)个/km²、(26.27±4.21)个/km²。拥有自由水面的
大纵湖、射阳湖、喜鹊湖及拥有湿地公园的乌巾荡 PD 值最低。总
体而言,这三个指数均由北向南递增,其中绿洋湖 $CONTAG$ 最低且
PD 最大,表明绿洋湖破碎化程度最大。

　　(4) 景观格局时空演变

　　图 4.2-6 为 1985—2018 年里下河腹部地区湖泊湖荡景观类型
分类结果。从时间序列上可以看出,1985 年湿地和自由水面为主要
斑块类型,其中湿地分布范围较广,自由水面则集中分布于大纵湖、
蜈蚣湖、平旺湖及喜鹊湖;1990 年围圩、养殖与高密度养殖面积在各
湖泊湖荡略有增加,但仍以湿地和自由水面为主要斑块类型,而此时
蜈蚣湖自由水面消失,乌巾荡湿地演变为自由水面;1995—2000 年
间,人类活动显著增强,湿地和自由水面严重退化,且快速演变为围

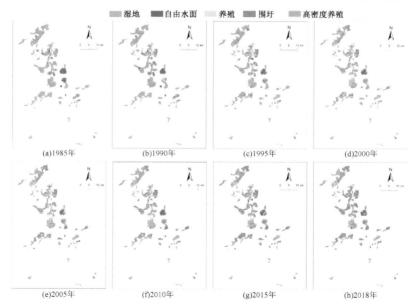

图 4.2-6　1985—2018 年里下河腹部地区湖泊湖荡景观类型分类结果

圩、养殖水面;2000—2015 年间,所有湖泊湖荡大规模围圩、养殖,湿地与自由水面面积锐减;直至 2018 年,绝大多数湖泊湖荡面积被围圩、养殖抢占,仅大纵湖和喜鹊湖仍保留自由水面,射阳湖、獐狮荡、大纵湖、龙溪港极少部分保留为湿地斑块类型。从空间分布上看,以沙沟南荡为原点的西北部各湖泊湖荡景观演变过程主要为湿地和自由水面逐渐被围圩、养殖抢占;沙沟南荡以南的绝大多数湖泊湖荡主要为湿地和自由水面逐渐被围圩、养殖和高密度养殖抢占的演变过程。

图 4.2-7 是 1985—2018 年各湖泊湖荡时空演变过程聚类分析结果图。从图中可以看出,39 个湖泊湖荡聚分为三类,其中第一类包括 18 个湖泊湖荡,它们的主要演变过程均为湿地—围圩、养殖;第二类包括 15 个湖泊湖荡,它们在 1985—1995 年间的转移类型较丰

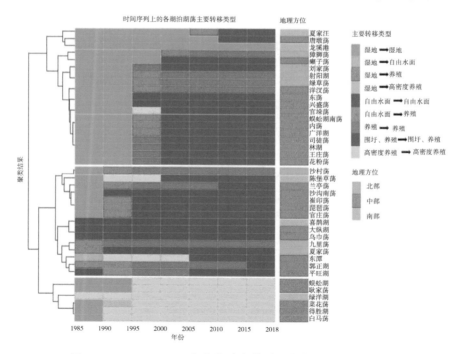

图 4.2-7　1985—2018 年各湖泊湖荡时空演变过程的聚类分析

富,自 2000 年起,转移类型逐渐稳定为围圩、养殖;第三类包括 6 个湖泊湖荡,它们的主要演变过程均为湿地—高密度养殖。从时间序列上的各湖泊湖荡主要转移类型可知,1985—1990 年间,湿地的稳定性较高,78%的湖泊湖荡主要斑块为湿地;1990—2000 年间,各湖泊湖荡的转移类型较为丰富,但总体均为向养殖类斑块转变;2000—2018 年间,各湖泊湖荡围圩、养殖和高密度养殖的稳定性较高。从地理方位上可知,北部、中部、南部湖泊湖荡中 78%的湖泊湖荡早期湿地斑块类型的稳定性极高,其中北部各湖泊湖荡主要转移类型为湿地—养殖;中部各湖泊湖荡主要转移类型为湿地—围圩、养殖和湿地—高密度养殖;南部湖泊湖荡数量少,但转移类型较丰富,其转移类型分别涵盖湿地—养殖、湿地—围圩、养殖、自由水面—围圩、养殖、湿地—高密度养殖。

（5）典型湖泊湖荡景观格局时空演变

① 湖泊湖荡转变为围圩、养殖类型

图 4.2-8 为 1985—2018 年射阳湖景观格局演变过程。从图中可知,射阳湖 1985—1995 年间主要斑块类型为大面积湿地;但自 2000 年起,围圩、养殖大规模发展,已演变为主要斑块类型,高密度

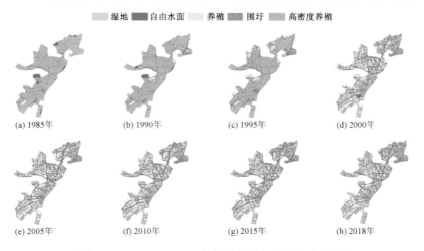

图 4.2-8　1985—2018 年射阳湖景观格局演变过程

养殖零星分布在湖体周围。目前,仅九龙口部分一直保留着湿地景观类型。同时从图中还可以看出,围圩、养殖从射阳湖的东北部逐渐发展起来,而后蔓延至整个湖体。

图 4.2-9 为 1985—2018 年广洋湖景观格局演变过程。从图中可知,广洋湖 1985—1995 年间主要斑块类型为大面积湿地,且 1995 年围圩、养殖在广洋湖南部和东北部开始发展起来。自 2000 年起,整个广洋湖的主要斑块类型演变为围圩、养殖,少量高密度养殖和湿地零星分布于湖体,同时中部一条贯穿整个湖泊的人工河道出现。

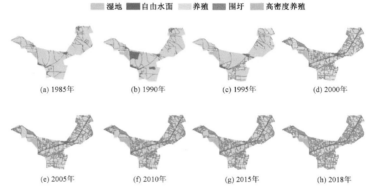

■ 湿地 ■ 自由水面 ■ 养殖 ■ 围圩 ■ 高密度养殖

(a) 1985年   (b) 1990年   (c) 1995年   (d) 2000年

(e) 2005年   (f) 2010年   (g) 2015年   (h) 2018年

图 4.2-9　1985—2018 年广洋湖景观格局演变过程

② 湖泊湖荡转变为高密度养殖类型

图 4.2-10 为 1985—2018 年蜈蚣湖景观格局演变过程。从图中可知,蜈蚣湖 1985 年主要斑块类型为湿地和自由水面;1995 年大面积自由水面部分演变为围圩、养殖,1995 年围圩、养殖逐渐集约化演变为高密度养殖,并从蜈蚣湖北部向南部蔓延;2000 年时,蜈蚣湖南部仍保留湿地斑块;自 2005 年起,蜈蚣湖整体演变为更加集约化的高密度养殖。

图 4.2-11 为 1985—2018 年得胜湖景观格局演变过程。从图中可知,得胜湖在 1985 年主要斑块类型为湿地,此时高密度养殖已出

现在湖体中部；1990 年高密度养殖从湖体中部向四周发展，此时得胜湖的斑块类型非常丰富，包括湿地、自由水面、围圩、养殖及高密度养殖；自 1995 年起，高密度养殖成为得胜湖的主要斑块类型，湿地和自由水面面积逐渐减少。

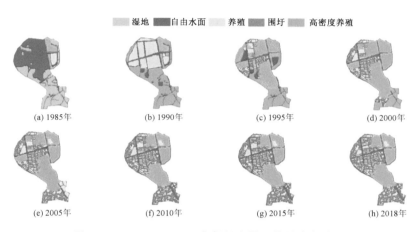

图 4.2-10　1985—2018 年蜈蚣湖景观格局演变过程

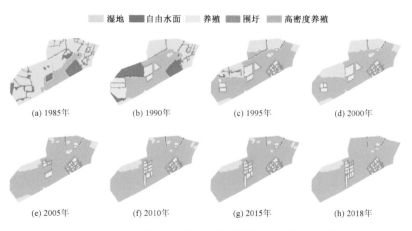

图 4.2-11　1985—2018 年得胜湖景观格局演变过程

③ 湖泊湖荡保留自由水面类型

图 4.2-12 为 1985—2018 年大纵湖景观格局演变过程。从图中可知,大纵湖 1985 年为大面积自由水面,自 1990 年起围圩、养殖逐渐出现在自由水面周围,2010—2018 年围圩、养殖逐渐蔓延至自由水面中部。

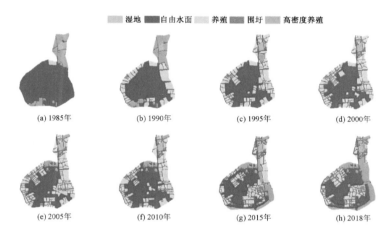

图 4.2-12　1985—2018 年大纵湖景观格局演变过程

图 4.2-13 为 1985—2018 年喜鹊湖景观格局演变过程。从图中可知,喜鹊湖的景观演变过程变化不大,一直保留为自由水面的景观类型。

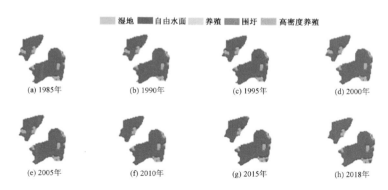

图 4.2-13　1985—2018 年喜鹊湖景观格局演变过程

4.2.2　景观格局演变的驱动机制

里下河湖泊湖荡早期为天然湖泊湖荡,20 世纪 50 年代开始,随着沿海浚港建闸,里下河腹部地区水位控制降低,湖面也越来越小。由于湖滩地的发育,滩地出露水面,使围垦种植和兴建台田种植成为可能,这一方式在相当长的时期里是里下河湖泊湖荡利用的主要方式。80 年代,开展了大规模的围湖运动,湖荡功能逐步变为以养殖业为主,大规模围湖致使湖荡面积急剧减少。近三十年来,在经济利益的驱动下,圈圩养殖迅猛发展,成为开发利用的主要方式。随着围垦种植和圈圩养殖规模的逐步扩大与发展,进一步加剧了湖泊的缩小和衰亡过程,并不断改变湖盆的形态。

通过分析里下河地区自然和人为因素对景观格局演变的影响,从而量化里下河地区景观格局演变的主要驱动要素。里下河地区由于其特殊的锅底洼地形,在 1950—1999 年间,发生过水旱灾害 22 次,因此选择年降水量作为自然因素。同时选择能够代表区域人类活动的总人口和养殖产量作为人为因素。进行自然和人为因素及景观指数之间的相关分析(如图 4.2-14),可以看出,总人口、养殖产量与 PD 呈显著正相关关系,相关系数分别为 0.98 和 0.80($P <$ 0.01)。表明随着总人口与养殖产量的增加,PD 不断增加,相较自然因素,人为因素为里下河地区湖泊湖荡景观格局演变的主要驱动力。

人为因素的驱动体现了相关政策的调控及驱动作用。表 4.2-3 为里下河地区养殖相关政策,从表中可知,1984 至 1995 年的政策主要支持了河流或湖泊部分地区居民的合理水产养殖,同时为防止洪涝灾害,批复修建了三批滞涝圩。21 世纪初,政策开始向生态保护方向进行,在 2005—2018 年间,颁布了较多湖泊保护计划政策和一系列退圩还湖专项计划。

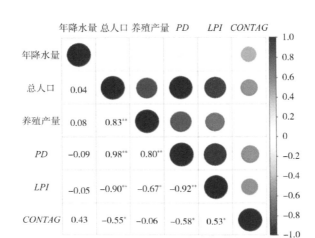

图 4.2-14   湖泊湖荡驱动因子与景观格局指数的主成分分析

注：*表示 $P<0.05$，**表示 $P<0.01$。

表 4.2-3   里下河地区养殖相关政策

编号	时间	政策名称及措施	主要内容
①	1984 年	建立江苏省水产养殖技术推广站	推广水产养殖技术
②	1987 年	《中华人民共和国渔业法实施细则》	水产养殖可在全体居民允许的水面和滩涂进行
③	1992 年	《省水利厅关于里下河腹部地区滞涝、清障的实施意见的通知》	明确湖泊湖荡、滞涝圩面积及调度运用规则
④	1995 年	渔业合作股份制	养殖业集约化和规模化
⑤	2005 年	《江苏省湖泊保护名录》	提出里下河湖泊湖荡保护名录
⑥	2006 年	《江苏省里下河腹部地区湖泊保护规划》	里下河湖泊湖荡保护范围、目标与措施
⑦	2020 年	《江苏省生态红线区域保护规划》	划分生态保护区并设定生态保护目标
⑧	2021 年	《江苏省湖泊保护条例》	湖泊的开发、利用、保护和管理要求
⑨	2015—2018 年	湖泊湖荡退圩还湖专项规划[8个县(市、区)]	退圩还湖的布局与措施

从图 4.2-15 政策驱动下的里下河地区破碎化变化趋势可以看出，1984 年江苏省水产养殖技术推广站建立，提供水产养殖技术，围圩、养殖开始萌芽，且 1985 年仅在极个别湖泊湖荡进行小规模养殖，养殖面积为 3 767.1 hm²，仅占湖泊湖荡面积的 6.4%。1986 年颁布的《里下河地区农业资源综合开发规划》、1987 年颁布的《中华人民共和国渔业法实施细则》及 2002 年颁布的《江苏省渔业管理条例》提出可在河流、滩涂进行合理养殖，且使资源开发与滞涝充分结合，主要开发模式为围网养鱼、大水面养殖、深挖鱼池等，致使该地区湖泊湖荡初期呈现面积大小不一的大水面养殖。同时，水产养殖生产周期短且产值高，所以在 1990—2000 年期间大规模兴起，1990 年、1995 年、2000 年的养殖面积逐年递增，分别为 8 772.73 hm²、22 001.45 hm²、32 577.1 hm²，分别占湖泊湖荡面积的 14.9%、37.31%、55.3%。在此期间，湖泊湖荡景观格局破碎化程度不断增加，且破碎化速率也呈增加趋势。1995 年，已出现渔业股份合作制，且被作为新的围圩、养殖经济组成形式，推动了渔业生产集约化，显著增加了经济效益，所以经济效益更显著的高密度养殖在 1995 年已

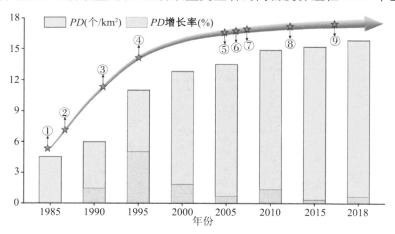

图 4.2-15　1985—2018 年里下河腹部地区一系列围圩、
养殖相关政策下的 PD 变化图

大规模兴起。虽然湖泊湖荡景观破碎化程度依然在持续增大，但自2006 年出台《江苏省里下河腹部地区湖泊湖荡保护规划》以及一系列退圩还湖专项规划，破碎化速率明显减缓，同时 2010—2018 年养殖面积减少 5.6%。

随着一系列围圩、养殖相关政策的出台，里下河腹部地区湖泊湖荡景观格局发生显著变化，具体体现为各景观类型面积的变化。表4.2-4 为 1985—2018 年里下河腹部地区各景观类型面积转移率。从表中可知，湿地和自由水体的演变具有明显的不稳定性，1990—2018 年湖泊湖荡湿地大面积转移为围圩、养殖，1990—2005 年间转移率最高，其值为 0.125～0.415，湿地稳定性最差，自身转移率为0.306～0.560；1990—2000 年间大面积自由水体向围圩、养殖转移，其转移率为 0.117～0.190，与此同时自由水体稳定性较差，自身转移率为 0.541 和 0.564；1990—1995 年间，养殖规模逐渐开始集约化，围圩、养殖面积在此时转移为高密度养殖，转移率达到 0.109。同时，围圩、养殖和高密度养殖这两类养殖类斑块面积总体趋势为逐年递增，从 1985 年的 3 998.7 hm^2 增至 2018 年的 52 395.6 hm^2，增幅为 1 210%，而湿地从 1985 年的 42 110.3 hm^2 减至 2018 年的3 093.8 hm^2，减幅为 92.7%。

表 4.2-4　1985—2018 年里下河腹部地区各景观类型面积转移率

	时间	湿地	自由水体	养殖	围圩	高密度养殖
湿地	1985—1990 年	0.849	0.043	0.050	0.026	0.031
	1990—1995 年	0.560	0.021	**0.205**	**0.125**	0.090
	1995—2000 年	0.306	0.012	**0.415**	**0.222**	0.045
	2000—2005 年	0.443	0.002	**0.261**	**0.197**	0.097
	2005—2010 年	0.642	0.004	**0.182**	**0.121**	0.052
	2010—2015 年	0.752	0.008	0.118	0.070	0.051
	2015—2018 年	0.630	0.021	**0.195**	**0.145**	0.009

	时间	湿地	自由水体	养殖	围圩	高密度养殖
自由水体	1985—1990 年	0.101	0.709	0.127	0.044	0.019
	1990—1995 年	0.095	0.541	**0.190**	**0.117**	0.056
	1995—2000 年	0.034	0.564	**0.182**	**0.174**	0.046
	2000—2005 年	0.012	0.817	0.069	0.088	0.015
	2005—2010 年	0.002	0.851	0.052	0.085	0.010
	2010—2015 年	0.025	0.822	0.091	0.061	0.001
	2015—2018 年	0.004	0.950	0.028	0.019	0.000
养殖	1985—1990 年	0.018	0.000	0.896	0.007	0.079
	1990—1995 年	0.011	0.018	0.799	0.062	**0.109**
	1995—2000 年	0.018	0.004	0.878	0.078	0.022
	2000—2005 年	0.023	0.001	0.944	0.016	0.015
	2005—2010 年	0.031	0.009	0.922	0.033	0.006
	2010—2015 年	0.017	0.006	0.910	0.049	0.017
	2015—2018 年	0.017	0.003	0.894	0.077	0.009
围圩	1985—1990 年	0.033	0.009	0.002	0.927	0.030
	1990—1995 年	0.011	0.002	0.010	0.936	0.041
	1995—2000 年	0.008	0.011	0.069	0.905	0.008
	2000—2005 年	0.004	0.001	0.004	0.985	0.006
	2005—2010 年	0.004	0.004	0.009	0.981	0.002
	2010—2015 年	0.004	0.003	0.005	0.983	0.006
	2015—2018 年	0.002	0.002	0.006	0.984	0.005
高密度养殖	1985—1990 年	0.004	0.000	0.000	0.001	0.995
	1990—1995 年	0.014	0.000	0.018	0.016	0.952
	1995—2000 年	0.001	0.003	0.015	0.019	0.962
	2000—2005 年	0.000	0.000	0.051	0.054	0.895
	2005—2010 年	0.000	0.000	0.052	0.070	0.878
	2010—2015 年	0.000	0.000	0.007	0.009	0.984
	2015—2018 年	0.000	0.000	0.001	0.000	0.999

4.2.3 景观格局演变对水环境影响

里下河腹部地区为典型围圩、养殖区,总氮和总磷浓度较高,同时通过浮游植物已有研究成果和其他学者的相关研究表明,该地区不存在蓝藻水华暴发现象,主要浮游植物为绿藻门。因此,选择总氮、总磷及绿藻门为水环境指标。

由于该地区湖泊湖荡缺乏水环境历史资料,故运用"空间代替时间"的方法,利用当前各湖泊湖荡空间上的水环境数据与景观格局指数进行相关分析,从而表征历史演变过程中水环境指标对景观破碎化的响应。

表 4.2-5 为景观格局指数与水环境指数的 Pearson 相关系数表。从表中可知,绿藻门与 $CONTAG$、PD 的相关性较高,分别为 -0.659 和 0.368。对于 $CONTAG$ 而言,其值越低表示景观破碎化程度越大,景观呈现多斑块类型的碎片化分布模式;同时对于 PD 而言,其值越大表明斑块数量越多,景观破碎化程度越大。通过景观格局指数与水环境指数的 Pearson 相关分析可知,随着景观破碎化程度的增大,绿藻门丰度也越大。

表 4.2-5 景观格局指数与水环境指数的 Pearson 相关系数表

指数	$CONTAG$	LPI	PD
总氮	-0.050	0.045	0.073
总磷	-0.102	-0.103	-0.158
绿藻门	-0.659	-0.161	0.368

表 4.2-6 为里下河腹部地区浮游植物优势种。通过对各优势种的富营养化指示物种属性进行调查可知,绿藻门小球藻、二形栅藻、四尾栅藻,硅藻门谷皮菱形藻、梅尼小环藻及隐藻门啮齿隐藻这 6 种优势种均为富营养型水体指示物种。同时由于绿藻门为研究区主要浮游植物,故湖泊湖荡绿藻门丰度越大,水体富营养化风险越大,水环境质量越差。结合景观破碎化与富营养型浮游植物指示物种的研究结果表明,随着景观破碎化程度的增大,绿藻门浮游植物丰度越大,水体富营养化趋势越显著,水环境质量下降趋势越显著。

表 4. 2-6 里下河腹部地区浮游植物优势种

门类	绿藻门	硅藻门	隐藻门	甲藻门
优势种	小球藻	变异直链藻	啮齿隐藻	裸甲藻
	二形栅藻	谷皮菱形藻	尖尾蓝隐藻	
	四尾栅藻	异极藻		
		梅尼小环藻		

　　选取 PD 表征景观破碎化程度，图 4.2-16 显示的是 1985—2018 年里下河腹部地区各湖泊湖荡破碎化程度变化趋势。从图中

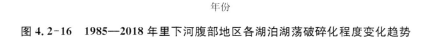

图 4.2-16　1985—2018 年里下河腹部地区各湖泊湖荡破碎化程度变化趋势

可知,39 个湖泊湖荡的破碎化程度变化趋势被聚为三类,第一类湖泊湖荡共 30 个,它们的破碎化程度变化呈持续增长趋势;第二类湖泊湖荡共 4 个,它们的破碎化程度变化呈先增长后上下波动的趋势;第三类湖泊湖荡共 5 个,它们的破碎化程度变化呈先增长后不变的趋势。

将聚类后同一类型湖泊湖荡各时期 PD 求均值,可得到湖泊湖荡破碎化程度变化类型,如图 4.2-17 所示。从图中可知,39 个湖泊湖荡破碎化程度分为三类,第一类为持续增长型湖泊湖荡,它们的破

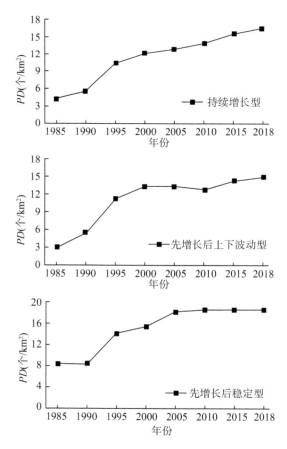

图 4.2-17　1985—2018 年里下河腹部地区湖泊湖荡破碎化程度分类结果

碎化值最高达 16 个/hm²；第二类为先增长后稳定型湖泊湖荡，它们的破碎化值稳定在 19 个/hm²；第三类为先增长后上下波动型湖泊湖荡，它们的破碎化值在 15 个/hm² 上下波动。通过对 39 个湖泊湖荡历史破碎化程度变化进行分类，判别各湖泊湖荡破碎化程度未来发展趋势，其中持续增长型湖泊湖荡的破碎化程度在未来极有可能继续增长，先增长后稳定型湖泊湖荡的破碎化程度在未来有可能保持稳定也有可能继续增长，先增长后上下波动型湖泊湖荡的破碎化程度在未来极有可能继续呈现出上下波动的变化。

图 4.2-18 为里下河腹部地区湖泊湖荡破碎化程度类型和富营养化评价现状，其中图 4-18(a) 为 1985—2018 年各湖泊湖荡破碎化程度的空间表达图，图 4-18(b) 为湖泊湖荡富营养化程度现状评价结果。从图 4-18(a) 中可知，北部和中部湖泊湖荡均包括三种破碎化程度变化类型，且主要的破碎化程度变化类型均为持续增长型；南部湖泊湖荡包括持续增长型和先增长后稳定型，其中 80% 的湖泊湖荡为持续增长型。从图 4-18(b) 中可知，北部湖泊湖荡均为轻度富营养；中部湖泊湖荡包含中营养、轻度富营养及中度富营养；南部湖泊湖荡除绿洋湖为重度富营养外均为轻度富营养。同时，从湖泊湖荡整体上看，西部湖泊湖荡的富营养化程度较东部湖泊湖荡的富营养化程度偏大。

基于各湖泊湖荡富营养化现状，结合各湖泊湖荡历史破碎化程度变化趋势，预判各湖泊湖荡水环境质量状况未来发展趋势。首先，对持续增长型湖泊湖荡未来水环境质量状况进行分析，大纵湖目前为中营养状况，广洋湖目前为轻度富营养状态，司徒荡目前为中度富营养状态，它们目前的富营养程度为大纵湖＜广洋湖＜司徒荡，且历史破碎化程度仍为大纵湖＜广洋湖＜司徒荡，故随着湖泊湖荡破碎化程度在未来持续增大，水体富营养化程度加大，水环境质量状况仍会降低。其次，对先增长后稳定型湖泊湖荡未来水环境质量状况进行分析，蜈蚣湖目前为中营养状态，菜花荡目前为轻度富营养，绿洋湖目前为重度富营养，它们目前的富营养程度为蜈蚣湖＜菜花荡＜

绿洋湖,且历史破碎化程度仍为蜈蚣湖＜菜花荡＜绿洋湖。同时综合景观格局演变过程可知,绿洋湖逐渐演变为高度集约化的高密度养殖,其破碎化程度较其他湖泊湖荡为最大,而先增长后稳定型湖泊湖荡的破碎化程度在未来有可能继续稳定也有可能增加,故这类湖泊湖荡破碎化程度在未来一旦增大,其水体富营养化程度将加大,水环境质量状况随之降低。最后,对先增长后上下波动型湖泊湖荡未来水环境质量状况进行分析,这类湖泊湖荡目前富营养化状态大部分为轻度富营养,其中历史破碎化程度为崔印荡＞东潭＞内荡＞射阳湖,故随着破碎化程度在未来增大,主要斑块类型为高密度养殖的崔印荡的富营养化程度率先增大,其水环境质量状况也率先降低。总体而言,三类湖泊湖荡的破碎化程度在未来均有可能继续增大,其破碎化程度一旦增大,均会导致水体富营养化程度加大,降低水环境质量状况。

(a) 1985—2018 年各湖泊湖荡破碎化程度类型　　(b) 湖泊湖荡富营养化程度现状评价结果

图 4.2-18　里下河腹部地区湖泊湖荡破碎化程度类型和富营养化评价现状

为了提高水环境质量,降低水体富营养化程度,对研究区进行退圩还湖,减少湖泊湖荡的破碎化程度。从富营养化程度现状考虑,西部和南部湖泊湖荡的富营养化程度较高,且多为持续增长型,故应先对西部和南部湖泊湖荡进行退圩还湖,其中绿洋湖的破碎化程度与富营养化程度均为最大,所以绿洋湖应优先进行退圩还湖;从历史破碎化程度变化考虑,湖泊湖荡的历史破碎化程度中部最为剧烈,为了减缓中部湖泊湖荡破碎化程度在未来的增加,故应先对这些湖泊湖荡进行退圩还湖,减低湖泊湖荡破碎化程度。

4.3　湖泊湖荡生境质量评价

4.3.1　生境质量评价模型

InVEST 模型(Integrated Valuation of Environmental Services and Tradeoffs,InVEST),即生态系统服务功能和权衡综合评估模型,由美国斯坦福大学、大自然保护协会(The Nature Conservancy, TNC)和世界自然基金会(World Wildlife Fund,WWF)共同开发,旨在通过模拟不同土地覆被情景下生态服务系统物质量和价值量的变化,为决策者权衡人类活动的效益和影响提供科学依据。

采用 InVEST 3.6 版本的生境质量评估模块对里下河平原河网地区生境质量进行动态定量评估。考虑到里下河地区围圩、养殖等对湖泊湖荡生境具有显著的影响,同时结合湖泊湖荡生境主要影响因子识别可以看出,里下河地区总磷指标对于湖泊湖荡浮游植物和底栖动物均具有显著相关性。对于围圩、养殖地区,可通过引入养殖及高密度养殖用地类型,从而来表征湖泊湖荡总磷的水平。

(1) 生境退化指数

生境退化指数的评判主要由生态威胁因子影响距离、生境类型斑块对威胁因子的敏感性高低及威胁因子的数目协同决定。在生境质量评估模块中认为,生境类型若对来自威胁因子的敏感程度越高,并距离生境威胁源越近情形之下(在其作用范围内),其生境退化指数就呈现趋高态势。生境退化指数的计算公式如下:

$$D_{xj} = \sum_{r=1}^{R} \sum_{y=1}^{Y_r} (W_r / \sum_{r=1}^{R} W_r) r_y i_{rxy} \beta_x S_{jr}$$

式中:D_{xj} 指的是生境退化程度大小;R 是胁迫因子个数;Y 是胁迫因子所占图层范围上的栅格数;W_r 是胁迫因子权重大小,即某一种胁迫因子对所有生境类型斑块产生的相对破坏力大小,取值在 0 到 1 之间;r_y 为特定图层范围内(即研究对象区)每个栅格上的威胁因子数目;β_x 是生境类型斑块栅格 x 的可达性水平,取值也在 0 到 1 之间,1 表明极容易到达;S_{jr} 则为土地利用类型 j 对来自胁迫因子 r 的敏感性大小,取值同样在 0 到 1 之间,越濒临 1 的状态表示其对威胁越敏感;而 i_{rxy} 表示栅格 Y 的胁迫因子值 r_y 对生境栅格 x 的胁迫水平情况,分线性和指数两种作用。

$$(线性) i_{rxy} = 1 - (d_{xy} / d_{r\max})$$
$$(指数) i_{rxy} = \exp[-(2.99 / d_{r\max}) d_{xy}]$$

式中:d_{xy} 为栅格 x 与栅格 y 之间的直线距离;$d_{r\max}$ 为胁迫因子 r 的最大影响距离。

(2)生境质量指数

生境质量的概念实际上是生态系统能够提供物种生存繁衍条件的潜在能力,从外界的威胁强度和生态系统类型受威胁而产生的本能敏感性两个方面来评价。通常情况下,自然生态系统类型健康稳定、受威胁程度较小的地区,生境质量相对较高。因此,较大空间尺度上,采用土地利用/土地覆被和干扰因子等数据去评估生境质量,不失为一种对生态系统生物多样性保护功能进行权衡的快速简便的策略。量化人类活动影响因子在生境斑块上的作用,并综合考量威胁因子的影响距离、在影响范围内的空间权重以及受法律保护而形成的准入性强弱等因素,以生态系统类型、干扰源等为数据,栅格数

据为评价单元,来计算生境质量指数(Ecological Quality Index,EQI),该指数计算方法如下:

$$Q_{xj} = H_j \left[1 - D_{xj}^z / (D_{xj}^z + k^z) \right]$$

式中:Q_{xj} 是土地利用类型 j 中栅格 x 的生境质量;H_j 为土地利用类型 j 的生境适应性,通过专家打分法和参考相关资料确定;k 为半饱和常数,当 $1 - D_{xj}^z / (D_{xj}^z + k^z) = 0.5$ 时,k 值等于 D_{xj};z 为归一化常量,通常取值 2.5;D_{xj} 是土地利用类型 j 中栅格 x 的生境胁迫水平即生境退化程度。

InVEST 模型生境质量模块以栅格作为基本评价单元,输入该模块的栅格数据分辨率统一为 30 m。考虑到不同土地覆被类型具有差异化的生态属性,生境质量的计算依据需要挂链生态系统类型的属性来综合考虑,因而将研究区原有土地覆被类型进一步划分为自然生态系统类型和非自然生态系统类型两大类。自然生态系统类型和非自然生态系统类型对于相同的生态威胁因子表现出不同的敏感度。生境质量模块的成功运行需要严格按要求输入以下四种数据:现状土地覆被栅格数据(Current Land Cover)、生态威胁因子栅格数据集(Folder Containing Threat Raster)、威胁因子量表(Threats Data)、土地覆盖类型对各生态威胁因子的敏感度(Sensitivity of Land Cover Type to Each Threat)。

(1)现状土地覆被栅格数据(Current Land Cover(Raster))

人类活动对生态系统资源的开发和利用直接导致了土地覆被类型结构发生变化,从而引起生境的改变。要分析一个区域的生境质量状况,离不开对其土地覆被情况的掌握,以便为评价生境质量优劣提供准确和动态的分析基础数据。将前文中遥感解译提取得到的 2018 年土地覆被类型(为精细评估,用到二级分类)空间分布矢量数据转换为栅格数据,作为模块中所需的土地覆被栅格图层(如图 4.3-1 所示)。

(2)生态威胁因子栅格数据集(Folder Containing Threat Raster)

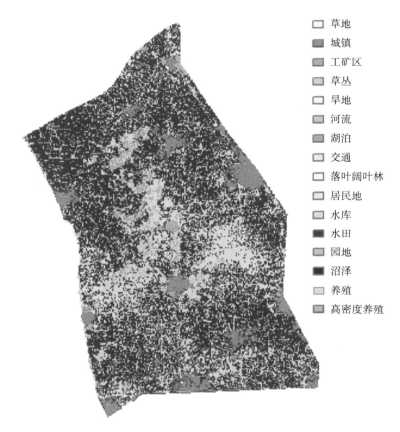

图例：
- □ 草地
- ■ 城镇
- ▨ 工矿区
- ▨ 草丛
- □ 旱地
- ▨ 河流
- ▨ 湖泊
- □ 交通
- □ 落叶阔叶林
- □ 居民地
- □ 水库
- ■ 水田
- ▨ 园地
- ■ 沼泽
- □ 养殖
- ▨ 高密度养殖

图 4.3-1　研究区现状土地覆被栅格数据

　　生态威胁因子通常是指受人类活动影响较大的土地覆被类型。同时结合湖泊湖荡生境主要影响因子识别可以看出，里下河地区总磷指标对于湖泊湖荡浮游植物和底栖动物均具有显著相关性。对于围圩、养殖地区，可通过引入养殖及高密度养殖用地类型，从而来表征湖泊湖荡总磷的水平。考虑里下河腹部地区土地覆被类型实际情况，运用 ArcGIS 空间分析工具分别提取交通、城镇、工矿区、居民地、养殖及高密度养殖（表征影响生境的环境因子）这 6 个受人类活动影响较大的土地覆被类型以生态威胁因子划定，将目标因子栅格图层赋值为 1，而对非目标因子栅格图层赋值为 0(如图 4.3-2 所示)。

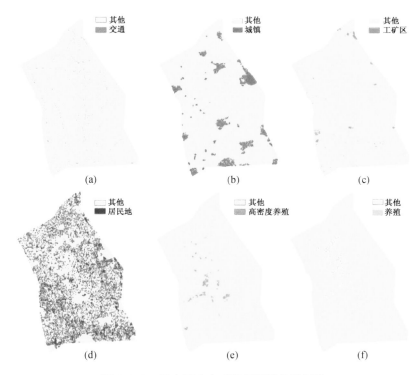

图 4.3-2　研究区生态威胁因子栅格数据集

(3) 威胁因子量表(Threats Data)

威胁因子数据是由威胁因子、各威胁因子对生境完整性的影响距离和影响权重所组成的 CSV 表格。基于研究区土地覆被实际情况，参考模型推荐数据和众多已有相关研究成果，对交通、城镇、工矿区、居民地、高密度养殖及养殖(表征环境因子影响)这 6 个生态威胁因子最大影响距离、权重及衰退线性相关性进行赋值。关于威胁因子量表的设置如表 4.3-1 所示。

表 4.3-1　威胁因子属性表

威胁因子	最大影响距离(km)	权重	衰退线性相关性
城镇	4	1	exponential
工矿区	4	1	exponential
交通	2	1	exponential
居民地	2	1	exponential
高密度养殖	1	0.9	linear
养殖	1	0.8	linear

（4）土地覆盖类型对各生态威胁因子的敏感度（Sensitivity of Land Cover Types to Each Threat）

不同的土地覆盖类型具有不同的生境适宜性，对于不属于生境的土地覆盖类型，在 CSV 表格中将其赋值为 0，其余根据适宜程度赋 0 到 1 之间的值。属于生境的土地覆盖类型，对每种威胁因子有不同的敏感性，敏感性值域范围为 0～1，0 代表该种属于生境的土地覆盖类型对威胁因子无敏感性，1 代表该生境对威胁因子敏感性极大，且在敏感度量表中，要求每一个土地覆被类型都需赋予一个生境适宜度得分，值域为 0～1（1 表示最高的生境适宜度）。参考 InVEST 模型使用指南中的应用实例和已有相关研究成果，设置土地覆被类型对各生态威胁因子的敏感度量表，具体设置情况如表 4.3-2 所示。

表 4.3-2　各生态系统类型对威胁因子的敏感性度量表

地类编码	土地覆被类型	生境适宜性	城镇	工矿区	交通	居民地	高密度养殖	养殖
1	草地	1	0.5	0.5	0.5	0.5	0.5	0.5
2	城镇	0	1	0	0	0	0	0
3	工矿区	0	0	1	0	0	0	0
4	草丛	1	0.8	0.8	0.8	0.8	0.8	0.8
5	旱地	0	0.5	0.5	0.5	0.5	0.5	0.5
6	河流	1	0.6	0.6	0.6	0.6	0.6	0.6

续表

地类编码	土地覆被类型	生境适宜性	城镇	工矿区	交通	居民地	高密度养殖	养殖
7	湖泊	1	0.6	0.6	0.6	0.6	0.6	0.6
8	交通	0	0	0	1	0	0	0
9	落叶阔叶林	1	0.6	0.6	0.6	0.6	0.6	0.6
10	居民地	0	0	0	0	1	0	0
11	水库	1	0.6	0.6	0.6	0.6	0.6	0.6
12	水田	1	0.6	0.6	0.6	0.6	0.6	0.6
13	园地	0	0.7	0.7	0.7	0.7	0.7	0.7
14	沼泽	1	0.6	0.6	0.6	0.6	0.6	0.6
15	高密度养殖	0.5	0.2	0.2	0.2	0.2	1	0
16	养殖	0.6	0.1	0.1	0.1	0.1	0	1

4.3.2 湖泊湖荡生境质量评价

（1）生境退化指数

图 4.3-3 为里下河地区与湖泊湖荡生境退化状况,其中图 4.3-3(a)为里下河地区各土地覆被类型的生境退化状况,图 4.3-3(b)为湖泊湖荡生境退化状况。从图 4.3-3(a)图中可知,红色部分代表生境退化较高的地类,主要为建设用地和湖泊湖荡中养殖及高密度养殖景观类型。图 4.3-3(b)是将湖泊湖荡从里下河地区生境退化状况图中提取获得,从图中可以看出,养殖与高密度养殖类型的生境退化指数较高,且生境退化指数高密度养殖斑块高于养殖斑块,表明集约化的水产养殖方式对湖泊湖荡生境退化的影响更加显著,尤其是大面积高密度养殖的湖泊湖荡,其生境退化指数较大,例如洋汊荡、得胜湖、绿洋湖。

表 4.3-3 为利用 ArcGIS 平台空间分析工具提取并统计得到的各湖泊湖荡生境退化指数平均值。从中可知,北部湖泊湖荡(射阳湖和绿草荡)生境退化指数范围为 0.33～0.39(均值为 0.36),中部湖

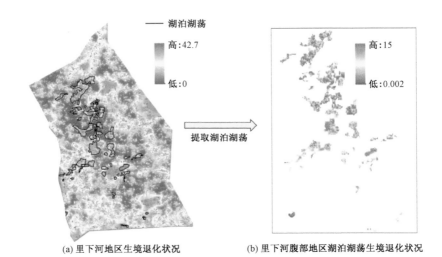

(a) 里下河地区生境退化状况　　　(b) 里下河腹部地区湖泊湖荡生境退化状况

图 4.3-3　里下河地区与湖泊湖荡生境退化状况

泊湖荡生境退化指数均值为 1.78,南部湖泊湖荡(陈堡草荡、喜鹊湖、龙溪港、夏家汪)生境退化指数范围为 0.05～1.70(均值为 0.81),故中部湖泊湖荡整体的生境退化程度较高,特别是依水质划分的"绿洋湖群"。同时从表中可知,北部夏家荡、沙村荡与中南部内荡、洋汊荡、得胜湖及绿洋湖的生境退化指数较高,其值分别为 4.40、5.56、5.62、6.14、10.16、5.53 及 14.92,其中主要斑块类型为高密度养殖的中部洋汊荡、得胜湖与绿洋湖的生境退化程度更高;主要斑块类型为自由水面的大纵湖和喜鹊湖生境退化程度较低,其值分别为 0.23 和 0.08。以上结果与水质空间结果基本一致。

表 4.3-3　湖泊湖荡生境退化指数

湖泊湖荡	生境退化	湖泊湖荡	生境退化	湖泊湖荡	生境退化
射阳湖	0.33	王庄荡	0.57	司徒荡	1.64
绿草荡	0.39	花粉荡	0.28	东潭	1.22
九里荡	1.30	官庄荡	1.76	得胜湖	10.16

湖泊湖荡	生境退化	湖泊湖荡	生境退化	湖泊湖荡	生境退化
夏家荡	4.40	郭正湖	0.05	白马荡	0.91
刘家荡	0.47	沙沟南荡	0.34	唐墩荡	1.73
沙村荡	5.56	大纵湖	0.23	耿家荡	0.29
獐狮荡	0.30	洋汊荡	6.14	癞子荡	5.53
陈堡草荡	1.70	蜈蚣湖	2.11	崔印荡	1.88
东荡	0.31	蜈蚣湖南荡	0.37	绿洋湖	14.92
琵琶荡	0.31	平旺湖	0.55	夏家汪	1.41
兰亭荡	0.27	林湖	3.71	喜鹊湖	0.08
内荡	5.62	官垛荡	1.35	龙溪港	0.05
兴盛荡	0.38	菜花荡	0.36		
广洋湖	0.38	乌巾荡	1.49		

（2）生境质量指数

图 4.3-4 为里下河地区与湖泊湖荡生境质量状况,其中图 4.3-4(a)为里下河地区各土地覆被类型的生境质量状况,图 4.3-4(b)为湖泊湖荡生境质量状况。从图 4.3-4(a)图中可知,红色部分同样代表生境质量较低的地类主要为建设用地和湖泊湖荡中养殖及高密度养殖景观类型。图 4.3-4(b)是将湖泊湖荡从里下河地区生境质量状况图中裁剪出来所获得,从图中可以看出,养殖与高密度养殖类型的生境质量指数较低,且生境质量指数高密度养殖斑块略低于养殖斑块,表明集约化的水产养殖方式对湖泊湖荡生境质量的影响较显著,尤其是大面积高密度养殖的湖泊湖荡,其生境质量指数最低,例如洋汊荡、得胜湖、绿洋湖。

表 4.3-4 为利用 ArcGIS 平台空间分析工具提取并统计得到的各湖泊湖荡生境退化指数平均值。从表可知,北部湖泊湖荡(射阳湖和绿草荡)生境质量指数均值为 0.72,南部湖泊湖荡(龙溪港、喜鹊湖及夏家汪)生境质量指数均值为 0.81,中部湖泊湖荡生境质量指数均值为 0.66,故南部湖泊湖荡整体的生境质量状况较好。同时从

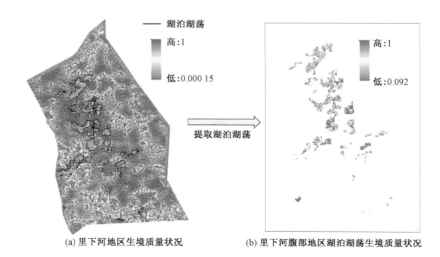

(a) 里下河地区生境质量状况　　　　(b) 里下河腹部地区湖泊湖荡生境质量状况

图 4.3-4　里下河地区与湖泊湖荡生境质量状况

表中可知,中南部洋汊荡、蜈蚣湖、得胜湖与绿洋湖的生境质量指数较低,其值分别为 0.34、0.40、0.30 及 0.28,且这些湖泊湖荡的主要斑块类型均为高密度养殖,表明高密度养殖对生境质量降低的影响更显著。主要斑块类型为自由水面的大纵湖和喜鹊湖生境质量指数较高,其值分别为 0.97 和 0.99。

表 4.3-4　湖泊湖荡生境质量指数

湖泊湖荡	生境质量	湖泊湖荡	生境质量	湖泊湖荡	生境质量
射阳湖	0.76	花粉荡	0.65	东潭	0.69
绿草荡	0.67	官庄荡	0.63	得胜湖	0.30
九里荡	0.66	郭正湖	0.69	白马荡	0.85
夏家荡	0.61	沙沟南荡	0.64	唐墩荡	0.67
刘家荡	0.66	大纵湖	0.97	耿家荡	0.84
沙村荡	0.55	洋汊荡	0.34	癞子荡	0.68
獐狮荡	0.76	蜈蚣湖	0.40	崔印荡	0.58
东荡	0.76	蜈蚣湖南荡	0.78	绿洋湖	0.28

续表

湖泊湖荡	生境质量	湖泊湖荡	生境质量	湖泊湖荡	生境质量
琵琶荡	0.78	平旺湖	0.55	陈堡草荡	0.48
兰亭荡	0.79	林湖	0.54	夏家汪	0.69
内荡	0.61	官垛荡	0.78	喜鹊湖	0.99
兴盛荡	0.61	菜花荡	0.43	龙溪港	0.76
广洋湖	0.67	乌巾荡	0.70		
王庄荡	0.69	司徒荡	0.75		

第五章

湖泊湖荡空间分类

5.1 湖泊湖荡水环境水生态空间分类

5.1.1 水环境空间分类

从图 5.1-1 主要水质空间分布来看,各湖泊湖荡水体的总氮含量中部高于北部及南部。官垛荡、司徒荡、白马荡与唐墩荡也高于其余湖泊湖荡,地理位置也很接近,划为一片比较合理。中部西侧官垛荡—白马荡—崔印荡—绿洋湖群含量极为接近且变化趋势相同,建议作为一个整体来考量,简称"官垛荡群"。南部四个湖泊湖荡(陈堡草荡、夏家汪、喜鹊湖、龙溪港)不仅地理位置相近,而且总氮等水质评价等级也一致,可划为一个湖泊湖荡,称为"喜鹊湖群"。

从总磷含量的空间分布来看。总磷含量最高值仍为獐狮荡。官垛荡、司徒荡、白马荡与唐墩荡总磷含量处于湖泊湖荡的中等水平,可作为整体考量。大纵湖总磷含量最低。北部九里荡、兰亭荡、琵琶荡、兴盛荡和东荡含量也较为接近。

综上所述,依据水质指标空间分布大体分类如下:

"獐狮荡群":獐狮荡不仅氮磷指标是整个湖泊湖荡中的最高值,以磷为基准的水质等级评价结果也一致。

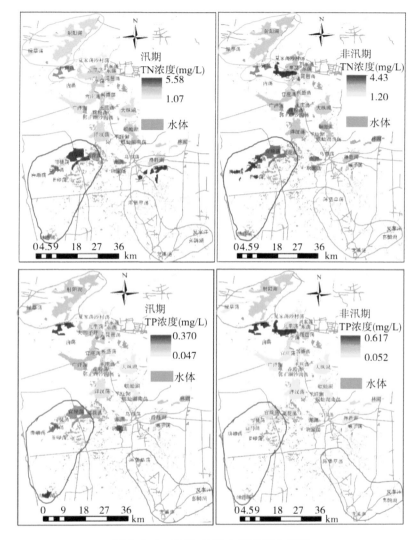

图 5.1-1　总氮、总磷含量空间分类图

　　"官垛荡群"：中部偏南的大片湖泊湖荡包括唐墩荡、官垛荡、白马荡、司徒荡、崔印荡、绿洋湖及兴化市周边的湖泊湖荡污染相对也

较重,其中唐墩荡、官垛荡、白马荡、司徒荡、崔印荡及绿洋湖归为一区。

"得胜湖群":兴化市周边湖泊湖荡归为一区。

"喜鹊湖群":南部陈堡草荡、喜鹊湖、龙溪港和夏家汪不论是氮磷含量还是水质评价等级均较为接近。

"射阳湖群":射阳湖和绿草荡的各种指标较为接近,且丰枯变化保持一致,故归为一类。

"广洋湖群":广洋湖、花粉荡、郭正湖、沙沟南荡与王庄荡的总磷指标在两个时期均很接近,可划为一体。

"蜈蚣湖群":其余湖泊湖荡为一类。可结合水生态监测指标做进一步验证和调整。

5.1.2 水生态空间分类

从图 5.1-2 水生态空间分布来看,不论汛期还是非汛期,南部湖泊湖荡龙溪港、夏家汪与喜鹊湖多样性阈值均较高,该群落多样性非常丰富。从浮游植物多样性阈值结果判断,南部好于北部。非汛期南部"喜鹊湖群"中夏家汪、陈堡草荡、龙溪港和喜鹊湖多样性指数为整个湖泊湖荡的中上水平,群落结构相对复杂且稳定,多样性良好,这与之前的水质结果也较为吻合。

前文中划分为一类的"獐狮荡群"中湖荡浮游植物在汛期相似性指数为 0.409,具相似性,划分合理。"射阳湖群"中射阳湖和绿草荡的生境相似度为 0.400,属轻度相似。"喜鹊湖群"包括夏家汪与陈堡草荡、喜鹊湖、龙溪港,这四个湖泊湖荡之间的相似度指数分别为 0.259、0.308、0.500 和 0.510,属于轻度或中度相似。"广洋湖群"中广洋湖与郭正湖、王庄荡之间也具有较好相似性,相似度指数分别为 0.385 和 0.275。"得胜湖群"中东潭和癞子荡相似度极高(0.542)。"绿洋湖群"中绿洋湖与官垛荡的相似度指数为 0.294,官垛荡与其他 4 个湖泊湖荡(白马荡、崔印荡、司徒荡和菜花荡)相似度指数属轻度相似,指数为 0.281～0.333,和唐墩荡的相似度高达 0.526。以上结果说明依据水质划分的湖泊湖荡中各湖泊湖荡间存在良好的生境相似性。

　　根据里下河地区湖泊湖荡地理位置、生态环境分布状况,能够有效进行湖泊湖荡的空间分类,从而指导湖泊湖荡的生态治理和修复。然而,考虑到里下河地区的防洪、除涝、供水、生态等功能需求,需要进行湖泊湖荡生态主体功能识别,从而明确湖泊湖荡生态功能分类,进而依据生态功能的需求综合开展湖泊湖荡空间分类。

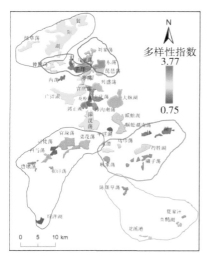 

（a）非汛期均匀度指数　　　　　　（b）汛期均匀度指数

图 5.1-2　浮游植物多样性指数空间分类图

5.2　湖泊湖荡生态功能分类

5.2.1　生态功能区划

　　湖泊湖荡生态功能的空间定位,反映湖泊湖荡水生态系统的局部空间差异,识别并区分湖泊湖荡不同部位的水生态系统特征和功能,为湖泊湖荡空间管理与优化提供了技术框架与指导。

依据《全国生态功能区划》、《江苏省国家级生态红线保护规划》、《江苏省生态空间管控区域规划》以及里下河地区湖泊湖荡退圩还湖相关规划,确定里下河地区包含洪水滞蓄区,自然保护区,饮用水水源保护区、清水通道维护区,重要湿地、湿地公园以及农业产业区。通过对各项生态功能排序,识别确定符合里下河地区湖泊湖荡水生态系统特征的洪水滞蓄、生物多样性保护、水源水质保护、湿地生态系统保护、种质资源保护等五项生态功能。湖泊湖荡生态功能空间定位思路如图 5.2-1 所示。

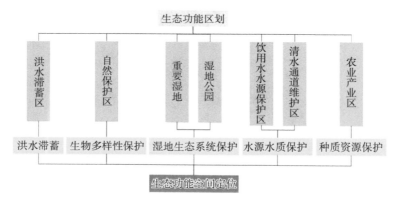

图 5.2-1　里下河地区湖泊湖荡生态功能空间定位思路

(1) 洪水滞蓄区

里下河地区湖泊湖荡为淮河流域下游地势低洼地区,《全国生态功能区划》中明确提出,地势低洼地区将建设成为淮河流域洪水滞蓄重要生态功能区,应加强该生态功能区内自然景观保护,迁移区内人口和降低水产养殖,避免行蓄洪造成重大损失。在里下河地区退圩还湖专项规划中,《射阳湖退圩还湖专项规划研究》《大纵湖退圩还湖专项规划》《建湖退圩还湖规划报告》《兴化得胜湖、蜈蚣湖(含南荡)、平旺湖退圩还湖实施方案》均明确,射阳湖、夏家荡、沙村荡、刘家荡、九里荡、东荡、兰亭荡、广洋湖、大纵湖、蜈蚣湖（含南荡）、平旺湖以及得胜湖等 13 个湖泊湖荡实行退圩还湖后，为洪水滞蓄重要区域，其中射阳湖为里下河地区保护面积最大的洪水滞蓄区，如图 5.2-2 所示。

图 5.2-2　里下河地区湖泊湖荡洪水滞蓄区分布情况

（2）自然保护区

依据《江苏省生态红线区域保护规划》，里下河地区湖泊湖荡仅划定了扬州绿洋湖自然保护区（如图 5.2-3 所示），以保护该生态功能区的生物多样性。

图 5.2-3　里下河地区湖泊湖荡自然保护区分布情况

（3）重要湿地与湿地公园

依据《江苏省生态红线区域保护规划》，里下河地区湖泊湖荡共涵盖 10 个重要湿地与湿地公园，如图 5.2-4 与表 5.2-1 所示。其中

图 5.2-4　里下河地区湖泊湖荡重要湿地与湿地公园分布情况

表 5.2-1　里下河地区湖泊湖荡重要湿地与湿地公园具体分布

覆盖/邻近湖泊湖荡	湿地生态系统保护生态功能区划
射阳湖（阜宁县）	马家荡重要湿地
射阳湖（宝应县）	射阳湖重要湿地
射阳湖九龙口	九龙口重要湿地
沙村荡、夏家荡、刘家荡、九里荡、东荡	西塘河重要湿地
大纵湖（盐都区/兴化市）	大纵湖重要湿地
蜈蚣湖	蜈蚣湖重要湿地
花粉荡、沙沟南荡、洋汊荡、乌巾荡、得胜湖、癞子荡	兴化市西北湖荡重要湿地
唐墩荡	高邮东湖省级湿地公园
绿洋湖	绿洋湖重要湿地
喜鹊湖	溱湖国家湿地公园

10 个重要湿地与湿地公园分别为：位于阜宁县射阳湖的马家荡重要湿地，位于宝应县射阳湖的射阳湖重要湿地，位于射阳湖九龙口的九龙口重要湿地，覆盖沙村荡、夏家荡、刘家荡、九里荡、东荡的西塘河重要湿地，位于盐都区与兴化市的大纵湖重要湿地，位于蜈蚣湖的蜈蚣湖重要湿地，涵盖花粉荡、沙沟南荡、洋汊荡、乌巾荡、得胜湖、癞子荡的兴化市西北湖荡重要湿地，邻近唐墩荡的高邮东湖省级湿地公园，位于扬州市绿洋湖的绿洋湖重要湿地以及位于姜堰区喜鹊湖的溱湖国家湿地公园。

（4）饮用水水源保护区与清水通道维护区

依据《江苏省生态红线区域保护规划》，里下河地区湖泊湖荡共涵盖 9 个饮用水水源保护区与清水通道维护区，如图 5.2-5 与表 5.2-2 所示。其中 9 个饮用水水源保护区与清水通道维护区分别为：位于阜宁县射阳湖的潮河饮用水水源保护区，位于建湖县射阳湖的戛粮河饮用水水源保护区，覆盖夏家荡的西塘河饮用水水源保护区，位于盐都区大纵湖的蟒蛇河饮用水水源保护区，邻近平旺湖与蜈蚣湖的南官河饮用水水源保护区，邻近东潭与耿家荡的卤汀河饮用水水源保护区，邻近夏家汪的泰东河饮用水水源保护区，贯穿官垛荡

的潼河/三阳河清水通道维护区,以及邻近耿家荡与癞子荡的卤汀河
清水通道维护区。

图 5.2-5　里下河地区湖泊湖荡饮用水水源保护区与清水通道维护区分布情况

表 5.2-2　里下河地区湖泊湖荡饮用水水源保护区与清水通道维护区具体分布

覆盖/邻近湖泊湖荡	水源水质保护生态功能区划
射阳湖(阜宁县)	潮河饮用水水源保护区
射阳(建湖县)	戛粮河饮用水水源保护区
夏家荡	西塘河饮用水水源保护区
大纵湖(盐都区)	蟒蛇河饮用水水源保护区
平旺湖、蜈蚣湖	南官河饮用水水源保护区
东潭、耿家荡	卤汀河饮用水水源保护区
夏家汪	泰东河饮用水水源保护区
官垛荡	潼河/三阳河清水通道维护区
耿家荡、癞子荡	卤汀河清水通道维护区

（5）农业产业区

依据《江苏省生态红线区域保护规划》，里下河地区湖泊湖荡共涵盖 4 个农业产业区，如表 5.2-3 与图 5.2-6 所示。4 个农业产业区分别为：邻近宝应县绿草荡的西安丰镇农业产业区，邻近獐狮荡与内荡的鲁垛镇小槽河农业产业区、望直港镇和平荡农业产业区，覆盖广洋湖的柳堡镇农业产业区，邻近林湖的兴化市农业产业区。农业产业区主要集中分布于宝应县西安丰镇、鲁垛镇、望直港镇及柳堡镇。

表 5.2-3　里下河地区湖泊湖荡农业产业区具体分布

覆盖/邻近湖泊湖荡	种质资源保护生态功能区划
绿草荡(宝应县)	西安丰镇农业产业区
獐狮荡、内荡	鲁垛镇小槽河农业产业区
	望直港镇和平荡农业产业区
广洋湖	柳堡镇农业产业区
林湖	兴化市农业产业区

图 5.2-6　里下河地区湖泊湖荡农业产业区分布情况

5.2.2　生态功能重要性排序

（1）生态功能区所属生态功能

由《全国生态功能区划》与《江苏省生态红线区域保护规划》可知,洪水滞蓄区承担洪水滞蓄生态功能,自然保护区承担生物多样性生态功能,重要湿地与湿地公园承担湿地生态系统保护生态功能,饮用水水源保护区与清水管道维护区承担水源水质保护生态功能,农业产业区承担种质资源保护生态功能,详见表5.2-4。

表5.2-4　里下河地区湖泊湖荡生态功能区划对应的生态功能

生态功能	生态功能区划
洪水滞蓄	洪水滞蓄区
生物多样性保护	自然保护区
湿地生态系统保护	重要湿地
	湿地公园
水源水质保护	饮用水水源保护区
	清水管道维护区
种质资源保护	农业产业区

生态功能具体含义如下。

① 洪水滞蓄:指对流域性河流、湖泊、水库、湿地及低洼地等区域具有削减洪峰和蓄纳洪水的生态功能。

② 生物多样性保护:指对有代表性的自然生态系统、珍稀濒危野生动植物物种的天然集中分布区所在的陆地、水体或者海域内的物种生物多样性进行保护。

③ 湿地生态系统保护:指对在调节气候、降解污染、涵养水源、调蓄洪水、保护生物多样性等方面具有重要生态功能的河流、湖泊、沼泽、沿海滩涂和水库等湿地,加强其生态系统保护,恢复自然景观格局。

④ 水源水质保护:指对在江河、湖泊、水库、地下水源地等集中式饮用水源一定范围划定的水域和陆域以及具有重要水源输送和水质保护

功能的河流、运河及其两侧一定范围,予以水源水质保护生态功能。

⑤ 种质资源保护:指对提升农业经济效益的农业产业区和对维护渔业生物多样性的水域,予以种质资源保护生态功能。

（2）生态功能重要性排序

由于里下河地区为淮河流域下游地势低洼地区,其"锅底洼"地形决定了该地区洪水滞蓄生态功能极为重要。其次,该地区分布着众多城镇,人口数量较多,同时该地区也是江苏省重要的粮食产业基地与水产养殖基地,为满足居民需水要求,提高农田换水能力与鱼塘抽排水能力,提升农业与渔业废水水质质量,水源水质保护生态功能次之。目前,该地区分布若干湿地景观,例如九龙口、溱湖湿地公园、绿洋湖湿地公园等,对于调节气候、降解污染、保障生物多样性和水生态系统健康等方面具有重要意义,故应在达到洪水滞蓄与水源水质保护生态功能的基础上,加强湿地生态系统保护和生物多样性保护。为发展当地社会经济,农业产业与养殖产业也应在不影响湖泊湖荡其他生态功能的情况下,合理发挥种质资源保护生态功能,形成具有地方特色的农业、养殖业经济产物。因此,里下河地区湖泊湖荡生态功能重要性排序为:洪水滞蓄＞水源水质保护＞湿地生态系统保护＝生物多样性保护＞种质资源保护。

（3）生态功能识别

基于里下河地区湖泊湖荡的生态功能区划,按照生态功能重要性分析,运用 ArcGIS 叠加各项生态功能区划,获得里下河地区湖泊湖荡生态功能排序结果,如图 5.2-7 所示。从图中可知,射阳湖、大纵湖、夏家荡均具有洪水滞蓄、水源水质保护及湿地生态系统保护等3 项生态功能,其中洪水滞蓄为最重要生态功能;沙村荡、刘家荡、九里荡、东荡、蜈蚣湖、平旺湖、得胜湖均具有洪水滞蓄与湿地生态系统保护等 2 项生态功能,其中洪水滞蓄为最重要生态功能;广洋湖包含湿地生态系统保护与种质资源保护等 2 项生态功能,其中湿地生态系统保护为最重要生态功能;绿洋湖包括湿地生态系统保护与生物多样性保护等 2 项生态功能;兰亭荡仅具有洪水滞蓄生态功能;花粉荡、沙沟南荡、洋汊荡、乌巾荡、癞子荡、唐墩荡及喜鹊湖仅具有湿地生态系统保护生态功能；官垛荡仅包含水源水质保护生态功能；宝应县 4 个乡镇与兴化市北部少数乡镇具有种质资源保护生态功能。目前，共有 18 个湖泊湖荡无明确生态功能覆盖。

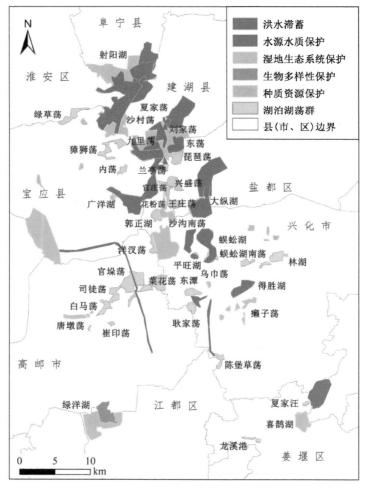

图 5.2-7　里下河地区湖泊湖荡生态功能排序结果

5.2.3　生态主体功能定位

（1）生态主体功能定位原则

里下河地区湖泊湖荡水生态空间提供的生态功能往往不只是单一的功能，在同一个空间中往往存在多种生态功能，生态主体功能的定位具有重要意义。在确定里下河地区湖泊湖荡水生态主体功能时，需基于对里下河地区湖泊湖荡生态功能的识别与排序，遵循生态主体功能定位原则，重要性最高的功能即为湖泊湖荡水生态主导功能，从而进行里下河地区湖泊湖荡生态主体功能综合性定位，而且主体功能不等于唯一功能。生态功能定位原则具体如下：

① 对于同时具有洪水滞蓄、水源水质保护及湿地生态系统保护等 3 项生态功能的湖泊湖荡与同时具有洪水滞蓄与湿地生态系统保护等 2 项生态功能的湖泊湖荡而言，其最终生态功能定位为洪水滞蓄，因为当发挥洪水滞蓄生态功能时，水源水质保护和湿地生态系统保护生态功能也能满足。

② 对于同时具有湿地生态系统保护与种质资源保护等 2 项生态功能的湖泊湖荡而言，其最终生态功能定位为湿地生态系统保护，因为需优先保障湖泊湖荡水环境质量。

③ 对于同时具有湿地生态系统保护与生物多样性保护等 2 项生态功能的湖泊湖荡而言，其最终生态功能定位为湿地生态系统保护，因为在保障湿地生态系统保护生态功能的同时，也能保障生物多样性保护生态功能。

④ 对于仅包含 1 项生态功能的湖泊湖荡而言，其最终生态功能为该项生态功能。

（2）生态主体功能定位结果

图 5.2-8 为里下河地区湖泊湖荡生态功能综合性定位分布情况。从图可知，射阳湖、夏家荡、沙村荡、刘家荡、九里荡、东荡、兰亭荡、广洋湖、大纵湖、蜈蚣湖、蜈蚣湖南荡、平旺湖、得胜湖等 13 个湖泊湖荡最终为洪水滞蓄生态功能；官垛荡最终为水源水质保护生态

功能；花粉荡、沙沟南荡、洋汊荡、乌巾荡、癞子荡、唐墩荡、绿洋湖、喜鹊湖等 8 个湖泊湖荡最终为湿地生态系统保护生态功能；绿草荡、獐狮荡、琵琶荡、内荡、官庄荡、兴盛荡、王庄荡、郭正湖、林湖、东潭、耿家荡、菜花荡、司徒荡、白马荡、崔印荡、陈堡草荡、龙溪港、夏家汪等 18 个湖泊湖荡暂无明确生态功能。

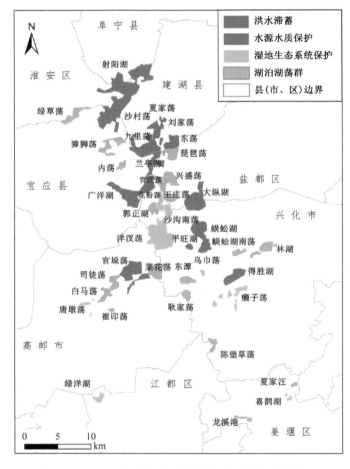

图 5.2-8 里下河地区湖泊湖荡生态功能综合性定位

基于《全国生态功能区划》与《江苏省生态空间管控区域规划》，目前，里下河地区湖泊湖荡中仍有 18 个未有明确生态功能（表5.2-5）。宝应县为绿草荡、獐狮荡、内荡等 3 个湖泊湖荡；盐都区为琵琶荡、兴盛荡、官庄荡、王庄荡等 4 个湖泊湖荡；兴化市为郭正湖、林湖、东潭、耿家荡、陈堡草荡等 5 个湖泊湖荡；高邮市为菜花荡、司徒荡、白马荡、崔印荡等 4 个湖泊湖荡；姜堰区为夏家汪、龙溪港等 2 个湖泊湖荡。

表 5.2-5　里下河地区湖泊湖荡生态功能优化对象

序号	湖泊湖荡	县（市、区）
1	绿草荡	宝应县
2	獐狮荡	
3	内荡	
4	琵琶荡	盐都区
5	兴盛荡	
6	官庄荡	
7	王庄荡	
8	郭正湖	兴化市
9	林湖	
10	东潭	
11	耿家荡	
12	陈堡草荡	
13	菜花荡	高邮市
14	司徒荡	
15	白马荡	
16	崔印荡	
17	夏家汪	姜堰区
18	龙溪港	

结合各县(市、区)的上位规划以及区域湖泊湖荡的生态功能需求等,对18个尚未有明确生态功能的湖泊湖荡研究其功能定位。

① 宝应县:《宝应县城市总体规划(2010—2030)》提出,该地区区域功能定位为扬州新兴现代化工贸城市、具有里下河地区景观特色的生态文明城市和江苏省重要的高效农业生产加工基地。中心片区构筑经济、文化、服务、旅游、物流的综合功能片区;北部片区大力发展文体教育和促进土地高效使用;南部片区发展棉纺业、化工集中区与红色旅游;东部片区依托现有农业基地与水产养殖基地,大力发展生态农业、有机农业;西部片区发展棉纺业,并增强棉纺业产业链。因此,依据《宝应县城市总体规划(2010—2030)》,可将位于宝应县东部片区的绿草荡、獐狮荡、内荡定位为种质资源保护生态功能,大力发展生态农业与有机农业。

② 盐都区:《盐城市盐都区王庄荡等五个湖荡退圩还湖专项规划(2018—2025)》提出,琵琶荡退圩还湖工程形成的排泥场将用于村庄建设,便于兰亭荡、琵琶荡及兴盛荡形成水源地。《盐城市城市总体规划(2013—2030)》提出,城中片区以商业服务和居住为主;城南片区以居住、行政、商务、文化、教育为主;城北片区以物流和工业为主;城西片区以居住、商业、文化休闲为主;西南片区兼顾就业和居住的平衡。因此,依据《盐城市盐都区王庄荡等五个湖荡退圩还湖专项规划(2018—2025)》与《盐城市城市总体规划(2013—2030)》,琵琶荡与兴盛荡的生态功能可定义为水源水质保护,以便形成饮用水水源保护区;官庄荡与王庄荡属城西片区,以自然保护和文化休闲为主,故将官庄荡与王庄荡定位为生物多样性保护生态功能。

③ 兴化市:《兴化市城市总体规划(2012—2030)》提出,西北部片区及北部生态水网地区可布局若干特色生态农业发展基地,以发展生态水产、优质水稻、特色蔬果、设施园艺、绿色畜禽、休闲观光。东潭、耿家荡、陈堡草荡邻近卤汀河饮用水水源保护区与卤汀河清水管道维护区,且依据《江苏省水功能区划名录》,湖泊湖荡周围划分了农业、渔业用水区,均为国家重点水功能区。因此,依据《兴化市城市

总体规划(2012—2030)》和《江苏省水功能区划名录》,将位于西北部的郭正湖与北部的林湖定位为种质资源保护生态功能,以发展生态水产;将东潭、耿家荡、陈堡草荡定位为水源水质保护生态功能,促进其水环境的提升。

④ 高邮市:《高邮市城市总体规划(2014—2030)》提出,北部休闲度假片区(临泽镇、界首镇和周山镇)优先保育生态,保持空间开敞,发挥资源优势,以湖荡、京杭大运河等为载体,发挥休闲度假产业的带动作用,形成具有区域特色的休闲度假片区,其中包括白马荡、司徒荡、官垛荡、菜花荡、洋汊荡5个湖泊湖荡。由于崔印荡与这5个湖泊湖荡紧邻,并且官垛荡与洋汊荡已确定为水源水质保护生态功能,因此,依据《高邮市城市总体规划(2014—2030)》与《全国生态功能区划》,将崔印荡、白马荡、司徒荡、菜花荡共同定位为生物多样性保护生态功能,发挥区域自然保护功能。

⑤ 姜堰区:《泰州市城市总体规划(2013—2030)》提出,以水系为线索,塑造城市与自然环境相结合的水乡特色名城,重塑街河并行的河道-街道-商埠结合的布局模式,更新滨水地区的功能布局和建筑景观要素,形成连续友好的滨水公共空间,疏通和串联市域内具有通航与景观旅游价值的骨干河道。结合重点景区景点,沿生态廊道和景观型河道设置市域和市区旅游线路。开辟新通扬运河—泰东河—溱潼生态湿地旅游走廊,将新通扬运河以北水网密集地区作为整体来进行规划和设计,并与海陵、姜堰两区北部地区的城市更新结合,与城北生态农业走廊的农渔业生产和景观体系的建设相结合。因此,依据《泰州市城市总体规划(2013—2030)》,将位于区域北部的夏家汪、龙溪港定位为湿地生态系统保护生态功能,与喜鹊湖一同发挥湿地旅游走廊的作用。

5.2.4 生态功能分类结果

图5.2-9为里下河地区湖泊湖荡生态功能优化结果,从图中可知,优化后的里下河地区湖泊湖荡包括洪水滞蓄、水源水质保护、湿

地生态系统保护生物多样性保护、种质资源保护等 5 项生态功能。其中洪水滞蓄生态功能包括射阳湖、夏家荡、沙村荡、刘家荡、九里荡、东荡、兰亭荡、广洋湖、大纵湖、蜈蚣湖、蜈蚣湖南荡、平旺湖、得胜

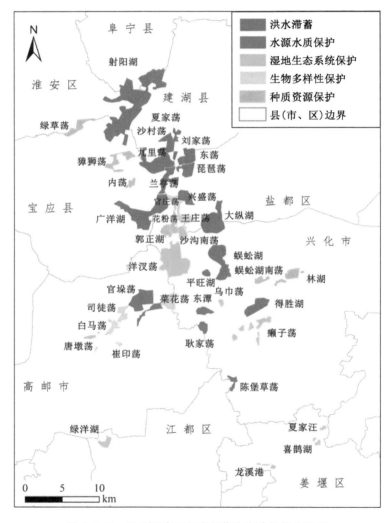

图 5.2-9 里下河地区湖泊湖荡生态功能优化结果

湖等 13 个湖泊湖荡；水源水质保护生态功能包括琵琶荡、兴盛荡、官垛荡、东潭、耿家荡、陈堡草荡等 6 个湖泊湖荡；湿地生态系统保护生态功能包括花粉荡、沙沟南荡、洋汉荡、乌巾荡、癞子荡、唐墩荡、绿洋湖、夏家汪、喜鹊湖、龙溪港等 10 个湖泊湖荡；种质资源保护生态功能包括绿草荡、獐狮荡、内荡、郭正湖、林湖等 5 个湖泊湖荡；生物多样性保护生态功能包括官庄荡、王庄荡、菜花荡、司徒荡、白马荡、崔印荡等 6 个湖泊湖荡。

第六章

湖泊湖荡生态修复总体布局

6.1　湖泊湖荡水生态系统健康综合分析

通过构建基于"压力-状态-响应"(PSR)的湖泊湖荡生态系统健康综合分析方法体系,进行湖泊湖荡区域水生态系统健康综合分析,识别湖泊湖荡水生态系统的主要问题,从而针对性地提出湖泊湖荡总体整治格局。

6.1.1　水生态系统健康综合分析方法

（1）模型原理

湖泊湖荡水生态系统健康是湖泊自然功能和社会功能均衡发挥并保持良好的表现状态,强调湖泊自然属性及其与社会经济活动之间的响应关系,可用"压力-状态-响应"(PSR)模型进行研究。该模型由加拿大学者 Rapport 等在 1979 年提出,后由经济合作与发展组织（Organization for Economic Cooperation and Development, OECD)和联合国环境规划署（United Nations Environment Programme, UNEP)于 20 世纪 90 年代共同推动用于研究环境问题的框架体系。目前,已有较多学者采用 PSR 模型对水生态系统健康进行分析评价,该种分析评价模型已得到大范围的认可和运用。PSR 模型的作用机理是:社会、经济、人口的发展和增长作用于环境,对水生态环境产生压力,这些压力造成水生态环境状态的变化,这些变化又导致人类对生态环境状态变化做出响应,这种响应又作用于对水环境造成的压力,如此循环往复。

采用 PSR 模型对湖泊湖荡水生态系统健康进行综合分析。人类通过各种社会经济活动从自然环境中获取资源,同时向环境排放污染物并改变自然景观格局(压力),从而改变了自然生态环境质量(状态),而自然生态环境状态的变化又反过来影响了人类的社会经济活动和福利,促使人类采取相应措施对这些变化做出反应(响应),进而构成了人类与生态环境之间的压力—状态—响应关系。

基于 PSR 模型,将湖泊湖荡水生态健康综合分析体系分为目标层—约束层—准则层—指标层(如图 6.1-1 所示)。

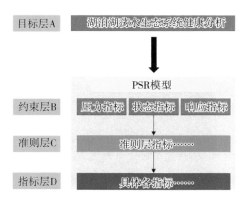

图 6.1-1 湖泊湖荡水生态系统健康综合分析

(2)分析方法

选用赋分法中的四分法进行湖泊湖荡健康综合分析,四分法评价标准见表 6.1-1。具体方法为利用 SPSS 软件对各指标数据集的均值、标准差、最小值、最大值,及 5%、25%、50%、75%、95% 五个分位数进行统计,对比四分法的评价标准对指标进行赋分。将指标总分五等分,构建出湖泊湖荡健康评价标准,分值从大到小依次分别代表河流生态系统健康等级为自然状态、健康、亚健康、不健康和病态。

表 6.1-1　四分法评价标准

分位数(越大越健康)	>75%	75%~50%	49.9%~25%	24.9%~5%	<5%
分位数(越小越健康)	<5%	5%~24.9%	25%~49.9%	50%~75%	>75%
评分	[8,6)	[6,4)	[4,2)	[2,0)	0
健康等级	自然状态	健康	亚健康	不健康	病态

根据构建的湖泊湖荡水生态系统健康综合分析体系,计算湖泊湖荡水生态健康综合指数。

$$H = \sum_{i=1}^{n}(W_i \times I_i)$$

式中:H 为湖泊湖荡水生态健康综合指数;W_i 为评价指标权重;I_i 为评价指标标准化值。

6.1.2　水生态系统健康综合分析模型

(1)指标选取原则

① 科学性与目的性原则:从事物的本质和客观规律出发,反映健康湖泊湖荡的基本特征,度量湖泊湖荡健康状况总体水平,体现评价目标的需求,对环境变化、胁迫等较为敏感,使评价结果能真实反映湖泊湖荡健康状况。

② 层次性原则:健康状况涵盖湖泊自然状况与人类干预活动,其健康评价指标体系是一个涉及社会、经济、环境、资源等的复杂系统,采用分层方法可以极大地降低系统的复杂程度,从各角度直观地判断湖泊湖荡健康状况。

③ 系统性原则:湖泊湖荡水生态系统受多种因素影响,指标体系设置要系统而全面,能够从生态系统结构、功能以及人类价值等各个角度表征健康状况,并组成一个完整的综合反映健康状况的指标体系。

④ 实用性原则:对于湖泊湖荡健康评价,其评价范围广,涉及的内容复杂多样,需收集大量信息资料,以满足评价需要,且评价指标

数据应易于处理,并满足一定的精度与可靠性要求。

（2）综合分析指标

① 压力指标

在人口和经济快速增长的驱动下,人类需要不断开发、利用、占有资源,来满足自身发展需要,从而对自然生态环境造成很大压力。当前,湖泊湖荡水生态系统所面临的主要压力是人类社会活动对湖泊湖荡进行干扰所造成的,如驱动因子、景观格局指数、养殖面积等。准则指标均反映里下河腹部地区的水生态健康主要受到人类活动的强烈影响,这些人类行为严重威胁到湖泊湖荡健康。具体指标如下。

人口增长率:是反映人口发展速度和制定人口计划的重要指标,它表明人口自然增长的程度和趋势。人口的增长对于社会经济有更多的要求,从而推动社会发展、经济发展。

养殖产量增长率:是一定时期（通常为一年）内,以数字化形式表现的养殖业产品的总产量,反映一定区域内养殖生产总规模和总成果,也是反映研究区域经济发展的主要标志。

斑块密度:是表示景观中斑块数目的景观格局指数。斑块数目越多,则景观中斑块密度越大,反映景观破碎化程度越大;斑块数目越少,则景观中斑块密度越小,反映景观破碎化程度越小。

养殖面积比例:里下河腹部地区湖泊湖荡湿地和自由水面面积主要遭受围圩、养殖的抢占,养殖面积是反映该地区人类活动强弱的重要指标,也是反映该地区景观类型发展演变的重要指标。

② 状态指标

人类活动对湖泊湖荡水生态系统产生压力,进而对湖泊湖荡水生态系统健康产生累积效应的影响。状态指标则反映了湖泊湖荡水体受人为干扰后的现状,如水质状况指标、水生态质量状况指标以及水生态系统服务功能等准则指标,均能真实且有效地反映里下河腹部地区水体质量状况。具体指标如下。

总氮与总磷达标率:目前,里下河腹部地区为大面积围圩、养殖地区,养殖需投放大量饵料以满足鱼虾蟹的营养供应,因此这类地区常出现营养物浓度超标的现象,营养物浓度超标引发水体富营养化,进而对水体健康造成危害。选择该指标,能有效反映水体质量状况。

非富营养化浮游植物平均密度:以往常直接采用浮游植物多样性指数进行评估,这一指标只考虑了水体中浮游植物种类的丰富程度,却忽略了反映水体质量优劣的指示物种数量。选择能反映湖泊湖荡水生态状况,从而反映湖泊湖荡健康的非富营养化浮游植物平均密度,参与评估湖泊湖荡健康状况。

清水种底栖平均密度:以往常直接采用底栖多样性指数进行评估,这一指标只考虑了水体中底栖种类的丰富程度,却忽略了反映水体质量优劣的指示物种数量。选择能反映湖泊湖荡水生态状况,从而反映湖泊湖荡健康的清水种底栖平均密度,参与评估湖泊湖荡健康状况。

生境退化指数:是指附近的土地利用强度增加的结果,从而能导致生境遭到破坏,进而降低其生境质量。

生境质量指数:是指基于生存资源可获得性、生物繁殖与存在数量,生态系统提供适合于个体和种群生存条件的能力。高质量的生境结构和功能相对完整,而生境质量的高低取决于该生境对人类土地利用和这些土地利用强度的可接近性。

河湖连通性:河湖连通是构建蓄泄兼顾、丰枯调剂、引排自如、多源互补、生态健康的河湖水系连通网络体系,是区域水资源配置网络实现的间接通道。

休闲文化:是反映水生态系统服务功能是否良好的人类活动指标,休闲文化服务价值越高,表明区域生态系统质量较好。

③ 响应指标

响应指标是管理部门为使自然生态系统遵循自身繁衍生息的规律向着健康、良性的方向发展而采取的必要管理措施。在人类活动的不断干扰下,生态系统的内部结构和功能将会发生改变,造成景观的严重破碎。当人类意识到环境破坏的严重后果时,会采取相应的保护措施,主要从生态方面与政策方面等准则指标衡量。这种一系列的链式反应即湖泊湖荡水生态系统对人类干扰的响应与人类对湖泊湖荡水生态系统变化的响应。具体指标如下。

生态水位保障程度：生态水位是指为维持湖泊生态系统结构和功能的完整性，维持生物多样性的最低水位。

生态建设比例：湖泊湖荡风景区或自然保护区作为生态建设，是保护生物栖息地、增加生物多样性、维持水生态系统平衡的一种重要生态保护手段。

退圩还湖面积比例：降低用于围圩、养殖水面的破碎化程度，增加湖泊自由水面面积，增强水体自净能力，提高水环境质量。

湖泊湖荡水生态系统健康综合分析指标体系见图 6.1-2。

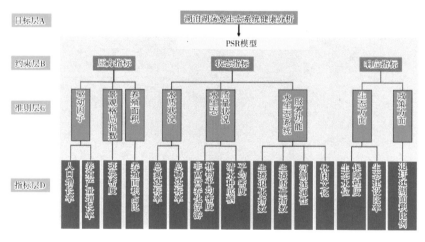

图 6.1-2　湖泊湖荡水生态系统健康综合分析指标体系

（3）指标测算

各分析指标的基础数据主要来源于统计年鉴中相关数据、土地覆被数据、现状调查数据、发布相关政策文件数据以及利用 Google Earth 平台所获取的数据，再根据表 6.1-2 中的测算方法对各湖泊湖荡分别进行计算。

表 6.1-2　湖泊湖荡水生态系统健康综合分析指标体系

目标层	约束层	准则层	指标层	指标测算
湖泊湖荡水生态系统健康综合分析	压力指标	驱动因子	人口增长率	当年人口数/上年人口数，%
			养殖产量增长率	当年养殖产量/上年养殖产量，%
		景观格局指数	斑块密度	Fragstats 软件计算获得，个/hm^2
		养殖面积	养殖面积占比	养殖面积/景观面积，%
	状态指标	水质状况	总氮达标率	达标次数/采样总次数，%
			总磷达标率	达标次数/采样总次数，%
		水生态质量状况	非富营养化浮游植物平均密度	非富营养化浮游植物总密度/种类个数，cells/(L×个)
			清水种底栖平均密度	清水种底栖总密度/种类个数，ind./(m^2×个)
		水生态系统服务功能	生境退化指数	InVEST 模型 Habitat Quality 模块获得
			生境质量指数	InVEST 模型 Habitat Quality 模块获得
			河湖连通性	与湖泊湖荡相邻河流间闸坝数量，个
			休闲文化	风景区旅游经济价值，亿元
	响应指标	生态方面	生态水位保障程度	$D=\dfrac{1}{12}\sum\limits_{i=1}^{12}(H_i/H)$，$H_i$ 为评估当月均值，H 为最低生态水位
			生态建设比例	风景区(保护区)面积/景观面积
		政策方面	退圩还湖面积比例	退圩还湖面积/景观面积

（4）指标权重计算

为了避免分析指标权重过于主观或客观的问题，建立综合最小二乘法主观权重模型和熵系数客观权重模型的综合权重求解模型。

首先定义一个折中系数 $\beta(1\geqslant\beta\geqslant0)$，通过最小二乘法主观决策矩阵 $\boldsymbol{F}$ 和熵系数客观决策矩阵 $\boldsymbol{C}$ 构建综合决策矩阵 $\boldsymbol{Q}$。

$$Q=\beta F+(1-\beta)C$$

其中，

$$q_{ii} = \beta f_{ii} + (1-\beta) c_{ii}$$
$$q_{ij} = \beta f_{ij}, i \neq j \text{ 且 } i, j \in [1, n]$$

则综合权重模型表现为

$$\begin{cases} \min z^2 = w^{\mathrm{T}} \boldsymbol{Q} w, \\ \mathrm{s.t.}\ e^{\mathrm{T}} w = 1 \\ w \geqslant 0 \end{cases}$$

求解得

$$w = \boldsymbol{Q}^{-1} e / e^{\mathrm{T}} \boldsymbol{Q}^{-1} e$$

6.1.3　水生态系统健康综合分析结果

（1）指标测算结果

压力指标：对人口增长率、养殖产量增长率、斑块密度及养殖面积占比进行测算，结果如表 6.1-3 所示。

表 6.1-3　压力指标中各指数的测算数值

湖泊湖荡	人口增长率(%)	养殖产量增长率(%)	斑块密度(个/hm²)	养殖面积占比(%)
射阳湖	98.95	93.93	5.56	92.34
绿草荡	98.76	97.81	11.58	80.48
九里荡	98.38	99.83	12.09	89.05
夏家荡	98.38	99.83	19.85	87.35
刘家荡	98.38	99.83	13.14	96.60
沙村荡	98.38	99.83	13.76	93.96
獐狮荡	98.07	117.53	8.02	81.71
东荡	99.17	100.19	13.33	90.41
琵琶荡	99.52	100.34	15.52	97.93

续表

湖泊湖荡	人口增长率(%)	养殖产量增长率(%)	斑块密度(个/hm²)	养殖面积占比(%)
兰亭荡	98.07	117.53	13.49	98.75
内荡	98.07	117.53	10.95	100.00
兴盛荡	99.52	100.34	13.36	96.99
广洋湖	98.07	117.53	8.91	97.77
王庄荡	98.93	100.43	14.05	99.98
花粉荡	98.93	100.43	21.27	99.93
官庄荡	98.93	100.43	14.18	94.74
郭正湖	98.93	100.43	17.36	100.00
沙沟南荡	98.93	100.43	11.95	96.64
大纵湖	99.31	100.38	7.37	44.06
洋汊荡	99.07	101.97	20.54	98.16
蜈蚣湖	98.93	100.43	21.46	96.56
蜈蚣湖南荡	98.93	100.43	15.14	100.00
平旺湖	98.93	100.43	18.75	85.46
林湖	98.93	100.43	16.98	98.19
官垛荡	99.63	107.69	16.13	98.32
菜花荡	99.31	104.44	23.14	99.96
乌巾荡	98.93	100.43	8.75	50.51
司徒荡	99.63	107.69	18.68	97.35
东潭	98.93	100.43	19.32	95.14
得胜湖	98.93	100.43	26.92	94.55
白马荡	99.63	107.69	5.10	100.00
唐墩荡	99.63	107.69	19.34	70.20
耿家荡	99.27	104.03	24.20	97.13
癞子荡	98.93	100.43	19.29	90.72
崔印荡	99.63	107.69	23.69	100.00

湖泊湖荡	人口增长率(%)	养殖产量 增长率(%)	斑块密度 (个/hm²)	养殖面积 占比(%)
陈堡草荡	98.93	100.43	26.76	100.00
绿洋湖	99.63	107.69	30.02	100.00
夏家汪	99.48	106.90	19.79	83.00
喜鹊湖	99.48	106.90	5.81	0.00
龙溪港	99.48	106.90	12.57	44.12

状态指标:对总氮达标率、总磷达标率、非富营养化浮游植物平均密度、清水种底栖平均密度、生境退化指数、生境质量指数、河湖连通性及休闲文化进行测算,标准化后的结果如表 6.1-4 所示。

表 6.1-4　状态指标中各指数的测算数值

湖泊 湖荡	总氮 达标率 (%)	总磷 达标率 (%)	非富营养化 浮游植物 平均密度 [cells/ (L×个)]	清水种底栖 平均密度 [ind./ (m²×个)]	生境退 化指数	生境质 量指数	河湖 连通性 (个)	休闲 文化 (亿元)
射阳湖	0	0	54 443.99	0.00	0.33	0.76	11	469.31
绿草荡	0	0	42 147.41	0.00	0.39	0.67	1	89.33
九里荡	0	0	27 707.01	0.00	1.30	0.66	2	21.45
夏家荡	0	0	45 765.24	0.00	4.40	0.61	3	6.74
刘家荡	0	0.5	45 765.24	0.00	0.47	0.66	3	16.88
沙村荡	0	0	45 765.24	0.00	5.56	0.55	3	13.12
獐狮荡	0	0	29 799.36	0.00	0.30	0.76	3	37.01
东荡	0	0	12 309.01	0.00	0.31	0.76	4	29.71
琵琶荡	0	0	132 167.30	0.00	0.31	0.78	3	22.05
兰亭荡	0	0	20 706.16	0.00	0.27	0.79	1	44.23
内荡	0	0	27 409.77	0.00	5.62	0.61	1	10.63
兴盛荡	0	0	21 802.02	0.00	0.38	0.61	2	22.74
广洋湖	0	0	12 140.31	0.77	0.38	0.67	10	124.32

湖泊湖荡	总氮达标率（%）	总磷达标率（%）	非富营养化浮游植物平均密度[cells/(L×个)]	清水种底栖平均密度[ind./(m²×个)]	生境退化指数	生境质量指数	河湖连通性（个）	休闲文化（亿元）
王庄荡	0	0	30 163.79	0.00	0.57	0.69	2	16.63
花粉荡	0	0	129 063.89	0.00	0.28	0.65	2	12.49
官庄荡	0	0	8 484.08	0.00	1.76	0.63	1	8.13
郭正湖	0	0	31 436.60	0.00	0.05	0.69	1	10.69
沙沟南荡	0	0	9 384.29	0.00	0.34	0.64	3	10.81
大纵湖	0	0	31 921.44	0.00	0.23	0.97	7	24.60
洋汊荡	0	0	26 216.56	0.00	6.14	0.34	6	75.21
蜈蚣湖	0	0	24 490.45	0.00	2.11	0.40	6	35.99
蜈蚣湖南荡	0	0	48 832.27	0.00	0.37	0.78	1	9.38
平旺湖	0	0	6 974.52	0.00	0.55	0.55	3	4.97
林湖	0	0	41 280.18	0.00	3.71	0.54	4	24.56
官垛荡	0	0	67 333.94	0.00	1.35	0.78	6	87.54
菜花荡	0	0	18 942.92	0.00	0.36	0.43	3	39.80
乌巾荡	0	0	140 152.87	0.00	1.49	0.70	2	3.20
司徒荡	0	0	35 395.81	1.22	1.64	0.75	2	22.92
东潭	0	0	86 989.00	0.00	1.22	0.69	2	10.51
得胜湖	0	0	20 658.17	0.00	10.16	0.30	5	25.36
白马荡	0	0	28 121.02	0.00	0.91	0.85	3	19.63
唐墩荡	0	0	14 877.16	0.00	1.73	0.67	1	9.96
耿家荡	0	0	25 493.63	0.00	0.29	0.84	2	8.95
癞子荡	0	0	121 910.83	0.00	5.53	0.68	4	22.00
崔印荡	0	0	31 847.13	0.00	1.88	0.58	1	3.85
陈堡草荡	0	0	63 210.19	0.00	1.70	0.48	2	7.57
绿洋湖	0	0	15 515.92	0.00	14.92	0.28	2	16.54

湖泊湖荡	总氮达标率（%）	总磷达标率（%）	非富营养化浮游植物平均密度［cells/（L×个）］	清水种底栖平均密度［ind./（m²×个）］	生境退化指数	生境质量指数	河湖连通性（个）	休闲文化（亿元）
夏家汪	0	0	154 623.14	0.00	1.41	0.69	2	2.51
喜鹊湖	0	0	91 743.63	0.00	0.08	0.99	2	4.01
龙溪港	0	0	73 983.79	0.00	0.05	0.76	1	4.63

响应指标：对生态水位保障程度、生态建设比例及退圩还湖面积比例进行测算，标准化后的结果如表 6.1-5 所示。

表 6.1-5　响应指标中各指数的测算数值

湖泊湖荡	生态水位保障程度（%）	生态建设比例（%）	退圩还湖面积比例（%）
射阳湖	100	0.59	0
绿草荡	100	0	0
九里荡	100	0	0
夏家荡	100	0	0
刘家荡	100	0	0
沙村荡	100	0	0
獐狮荡	100	0	0
东荡	100	0	0
琵琶荡	100	0	0
兰亭荡	100	0	0
内荡	100	0	0
兴盛荡	100	0	0
广洋湖	100	0	0
王庄荡	100	0	0
花粉荡	100	0	0
官庄荡	100	0	0

湖泊湖荡	生态水位保障 程度（%）	生态建设 比例（%）	退圩还湖面积 比例（%）
郭正湖	100	0	0
沙沟南荡	100	0	0
大纵湖	100	0.91	0
洋汊荡	100	0	0
蜈蚣湖	100	0	0
蜈蚣湖南荡	100	0	0
平旺湖	100	12.5	0
林湖	100	0	0
官垛荡	100	0	0
菜花荡	100	0	0
乌巾荡	100	0	0
司徒荡	100	0	0
东潭	100	0	0
得胜湖	100	0	0
白马荡	100	0	0
唐墩荡	100	0	0
耿家荡	100	0	0
癞子荡	100	0	0
崔印荡	100	0	0
陈堡草荡	100	0	0
绿洋湖	100	0	0
夏家汪	100	0	0
喜鹊湖	100	10.1	0
龙溪港	100	0	0

（2）指标权重赋值

利用 Matlab 2016a 计算出最小二乘法和熵系数法权重模型的决策矩阵，依据建立的综合权重模型，设折中系数为 0.5，进行分析指标权重计算，计算结果如表 6.1-6 所示。

表 6.1-6　指标权重计算结果

指标	权重
人口增长率（%）	0.082 8
养殖产量增长率（%）	0.080 3
斑块密度（个/hm^2）	0.098 2
养殖面积占比（%）	0.094 6
总氮达标率（%）	0.055 8
总磷达标率（%）	0.056 9
非富营养化浮游植物平均密度[cells/（L×个）]	0.065 7
清水种底栖平均密度[ind./（m^2×个）]	0.061 2
生境退化指数	0.079 7
生境质量指数	0.077 5
河湖连通性（个）	0.064 3
休闲文化（亿元）	0.055 1
生态水位保障程度（%）	0.040 9
生态建设比例（%）	0.047 8
退圩还湖面积比例（%）	0.039 2

（3）健康分析结果

根据统计的各指标数据集的均值、标准差、最小值、最大值及 5%、25%、50%、75%、95% 五个分位数与四分法的评价标准进行对比，得到四分法评价标准表，如表 6.1-7 所示。

表 6.1-7　各指标评价标准

指标	分值标准				
	8	6	4	2	0
人口增长率	<0.082 0	[0.082 0, 0.082 7)	[0.082 7, 0.082 8)	[0.082 8, 0.083 2)	≥0.083 2
养殖产量增长率	<0.075 9	[0.075 9, 0.077 7)	[0.077 7, 0.077 8)	[0.077 8, 0.083 1)	≥0.083 1
斑块密度	<0.034 6	[0.034 6, 0.073 0)	[0.073 0, 0.093 9)	[0.093 9, 0.122 9)	≥0.122 9
养殖面积占比	<0.047 1	[0.047 1, 0.094 0)	[0.094 0, 0.103 3)	[0.103 3, 0.106 2)	≥0.106 2
非富营养化浮游植物平均密度	>0.082 6	[0.082 6, 0.044 2)	[0.044 2, 0.029 3)	[0.029 3, 0.012 0)	≤0.012 0
生境退化指数	<0.002 1	[0.002 1, 0.012 8)	[0.012 8, 0.036 3)	[0.036 3, 0.072 7)	≥0.072 7
生境质量指数	>0.089 6	[0.089 6, 0.079 0)	[0.079 0, 0.070 2)	[0.070 2, 0.035 9)	≤0.035 9
河湖连通性	>0.083 0	[0.083 0, 0.041 6)	[0.041 6, 0.041 5)	[0.041 5, 0.020 8)	≤0.020 8
休闲文化	>0.050 3	[0.050 3, 0.025 8)	[0.025 8, 0.014 0)	[0.014 0, 0.005 0)	≤0.005 0

评价指标共有 15 项，每项指标最高得 8 分，其中总氮达标率、总磷达标率、清水种底栖平均密度、生态建设比例、退圩还湖面积比例得分基本为 0，因此分值标准记 0；生态水位保障程度得分为满分，因此分值标准记 8。总分为 120 分，将总分五等分构建出河流健康分析评价标准，如表 6.1-8 所示。

表 6.1-8　湖泊湖荡水生态系统健康分析评价等级划分

健康程度	自然状态	健康	亚健康	不健康	病态
分数值	120～96.1	96～72.1	72～48.1	48～24.1	24～0

基于各湖泊湖荡分析评价标准,将四分法中的健康分值 0、2、4、6、8 分别赋予各分析评价指标,并将湖泊湖荡各分析评价指标的健康分值相加,得到最终各湖泊湖荡的健康分析评价得分,结果如表 6.1-9 所示。

表 6.1-9　各湖泊湖荡健康分析评价得分

湖泊湖荡	健康得分	湖泊湖荡	健康得分	湖泊湖荡	健康得分
射阳湖	62	王庄荡	42	司徒荡	44
绿草荡	60	花粉荡	42	东潭	46
九里荡	48	官庄荡	32	得胜湖	38
夏家荡	44	郭正湖	42	白马荡	44
刘家荡	54	沙沟南荡	40	唐墩荡	30
沙村荡	46	大纵湖	68	耿家荡	40
獐狮荡	56	洋汊荡	36	癞子荡	48
蜈蚣湖	42	崔印荡	16	陈堡草荡	30
东荡	50	蜈蚣湖南荡	44	绿洋湖	20
琵琶荡	50	平旺湖	42	夏家汪	40
兰亭荡	46	林湖	40	喜鹊湖	62
内荡	34	官垛荡	46	龙溪港	38
兴盛荡	44	菜花荡	34	广洋湖	58
乌巾荡	48				

（4）湖泊湖荡健康综合分析

利用 ArcGIS 平台,基于湖泊湖荡水生态系统健康分析评价等级划分与各湖泊湖荡健康分析评价得分,得到如图 6.1-3 所示的各湖泊湖荡水生态系统健康等级划分结果图。从图中可以看出,里下河腹部地区湖泊湖荡健康等级共涵盖 3 种,分别为亚健康、不健康及病态,其中亚健康湖泊湖荡数量为 9 个,不健康湖泊湖荡数量为 28 个,病态湖泊湖荡数量为 2 个。

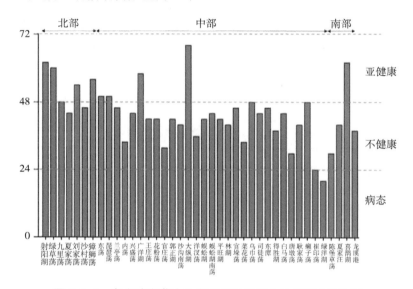

图 6.1-3　各湖泊湖荡水生态系统健康综合分析得分及等级

如图 6.1-4 所示,从空间分布上可以看出,湖泊湖荡健康状况由南向北总体有所好转,其中北部湖泊湖荡主要为亚健康;中部湖泊湖荡主要为不健康,同时中部湖泊湖荡中靠北部的湖泊湖荡健康状况出现亚健康,而其靠南部的湖泊湖荡崔印荡和绿洋湖均出现了病态的健康状况;南部湖泊湖荡健康状况除喜鹊湖为亚健康外,其余为不健康。

中部湖泊湖荡总体为不健康的状态,这与中部湖泊湖荡围圩、养殖更为集约化有关。其中大纵湖为亚健康状态,与大纵湖主要斑块类型为自由水面有关,虽然大纵湖保留了大部分自由水面面积,但在自由水面周围和中部仍存在围圩、养殖,这使得大纵湖破碎化程度增大,水环境质量有所降低,未达到健康状态。从景观格局演变结果已知,高密度养殖斑块类型主要出现在中部与南部部分湖泊湖荡,这一

图 6.1-4　湖泊湖荡水生态系统健康综合分析等级划分空间分布

斑块类型的破碎化程度更高,对水环境质量下降的影响更大,同时中部湖泊湖荡风景区(保护区)面积较少,自由水面主要用于养殖。崔印荡和绿洋湖为病态的健康状态,崔印荡面积目前已完全用于高密度养殖,其破碎化程度仅次于绿洋湖,水环境质量下降,生境退化严重,且无保护水域和已实施的退圩还湖面积。这样更加集约化的水产养殖使得这些湖泊湖荡水生态系统健康严重恶化。

南部湖泊湖荡中喜鹊湖一直为自由水面的斑块类型,但喜鹊湖内部分面积为风景区面积,底泥疏浚等人类行为对喜鹊湖水环境造成一定影响,使底泥中底栖生物数量减少,清水种底栖数量更少,同时受到周围围圩、养殖的影响,喜鹊湖总氮与总磷的浓度并未达到Ⅲ类地表水标准(TN>1 mg/L,TP>0.05 mg/L)。

6.2 湖泊湖荡生态修复布局

按照里下河地区湖泊湖荡已有生态功能空间定位与分类,依据区域相关发展规划,提出湖泊湖荡总体整治原则与目标。结合已有的水资源保护规划、地方养殖水域滩涂规划、退圩还湖等相关规划,根据湖泊湖荡水生态环境演变趋势、湖泊湖荡生态系统健康分析结果,制定湖泊湖荡时间和空间上的格局优化方案。

6.2.1 整治原则与目标

(1)整治原则

湖泊湖荡开发已经成为不争的现实,湖泊湖荡开发与生态环境保护的矛盾日益尖锐,只有科学利用合理开发,才能实现湖泊湖荡的生态效益和经济效益相结合。里下河腹部地区湖泊湖荡众多,总体整治格局的提出不仅要考虑防洪、除涝、灌溉等水利功能,更应从长效机制上考虑生态需求。因此湖泊湖荡整治需要遵循以下三点原则:

① 统筹规划统一布局

对三批滞涝圩进行科学分析、分类指导、统筹安排。首先,根据1992 年江苏省政府作出的保留水面积规定,优先选择生态空间及景观格局中最迫切需要治理的片区实行退圩还荡,掘荡成湖。在取得成效并积累了经验后,再逐步推广。因第一批、第二批、第三批滞涝圩大部已变成农业圩,并有大量居民居住,退圩还湖难度较大,要进行规划控制。

② 分类指导分步实施

根据三批滞涝圩所处区域进行功能定位,确定退圩还荡还湖具体方案,确定各区域掘荡成湖面积、原貌荡滩湿地保留面积及建设用地规模,提高规划的针对性。同时,可参照大纵湖退渔(圩)还湖(每亩补偿养殖户 600～800 元)做法,按先易后难原则,分步收回滞涝圩范围的湖泊湖荡,并按其功能定位进行综合开发利用,可以选择有条件有积极性的乡镇先期进行试点。

③ 生态优先科学利用

对于掘荡成湖新开湖面的利用要遵循生态优先的原则,在充分发挥其蓄洪滞涝的湿地功能基础上,发挥湖面的生态景观功能,种植荷藕、菱角、茨菰、荸荠、芡实、茭白、蒲苇等浅水植物,与周边原生态村庄共同展示水乡湿地风貌;综合考虑湖荡湿地水生植物自身净化能力,利用湖面时可科学合理地保留一小部分水体进行立体生态养殖,活水养殖渔药使用量会大幅减少,实现经济与生态共赢。现在已初具规模的射阳湖风景区、九龙口自然风景区、大纵湖旅游度假区、马家荡风景区、溱湖国家湿地公园等,进行生态改造形成各具特色、充满魅力的生态风景区,从而形成一个全新的里下河生态湖荡体系。其经济效益绝不亚于现状开发效益,形成的生态效益也是现状开发利用的湖泊湖荡所无法比拟的。

(2) 整治目标

通过逐步恢复里下河地区湖泊湖荡的生态功能,修复和提升湖泊湖荡水生态系统健康状况,协调统一洪水滞蓄、供排水、湿地保护,与生态养殖、旅游等多生态功能为一体,有力推动区域经济发展和人民生活水平提高,实现湖泊治理和经济发展的双赢。

① 定位湖泊湖荡生态功能,恢复湖泊湖荡生态功能。

目前,结合 39 个湖泊湖荡的生态功能定位结果,优化湖泊湖荡空间格局,首要任务为明确各湖泊湖荡定位与作用,从而逐步恢复各个湖泊湖荡的生态功能,发挥其具体的作用。

② 降低湖泊湖群破碎程度,改善湖泊湖荡水环境质量。

由于对湖泊湖荡的长期围垦养殖,加之农药、化肥、除草剂和水产养殖饲料的投喂与累积,区域形成的湿地生境已严重碎片化,湖泊湖荡水环境质量状况恶化,需加快实施退圩还湖工程,恢复自由水面,提升水环境质量。

③ 加强湖泊湖荡生境恢复,恢复湖泊湖荡生物多样性。

里下河地区水资源开发利用程度超载,湖泊湖荡水生态系统功能逐渐退化甚至丧失,生物多样性差。通过疏浚行水通道,塑造湖泊形态,保障河湖连通,开展湖泊湖荡水生态修复等措施,提升湖泊湖荡生境质量,恢复湖泊湖荡生物多样性。

④ 维护湖泊湖荡生态系统健康,提升湖泊湖荡生态价值。

在解决湖泊湖荡面临的水环境恶化、湖面破碎化、生态系统健康状况下降等一系列问题后,积极引导退圩还湖后的渔民发展绿色养殖或农业等产业,提升沿湖周边地区的土地开发利用条件,为社会经济与湖泊湖荡水生态系统提供可持续发展的平台。

6.2.2 总体修复布局

(1) 水资源保护总体格局

根据《江苏省水资源保护规划(2016—2030 年)》,里下河地区以区域骨干供水、输配水河道的水资源保护和河网水系综合整治为依托,以腹部地区湖泊湖荡的综合治理为重点,加强重点地区的面源控制和生态化治理,形成"五带三区多点"的点、线、面结合的水资源保护和综合治理空间布局(如图 6.2-1 所示)。

"五带"指江水东引三条骨干输水线(东线、中线、西线)和两条辅

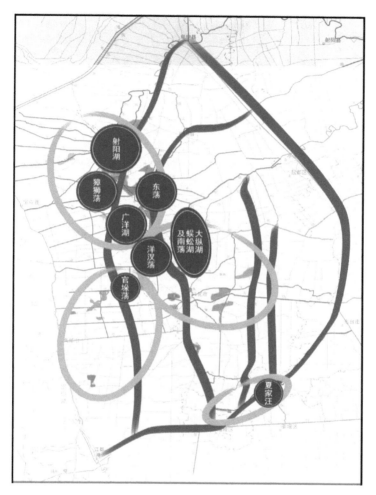

图 6.2-1　里下河腹部湖泊湖荡水资源保护总体格局

线。骨干西线指三阳河—潼河接大三王河、蔷薇河、戛粮河至射阳
河;骨干中线指泰州引江河接卤汀河、下官河、沙黄河至黄沙港以及卤
汀河、上官河接朱沥沟;骨干东线指泰东河接通榆河;两条辅线指茅山
河(俞西河)—西塘港—东涡河一线、盐靖河—东塘港—冈沟河一线。

"三区"指里下河腹部射阳湖湖泊湖荡区、宝应湖泊湖荡和兴化湖泊湖荡。

"多点"指重点面源治理和水生态修复地区。

（2）空间上生态治理分类优化布局

以里下河地区"五带三区多点"水资源保护总体布局为基础,结合湖泊湖荡生态环境现状分析结果、水生态系统健康综合分析结果,分析湖泊湖荡面临的主要生态环境问题。以湖泊湖荡空间分类结果（獐狮荡群、官垛荡群、得胜湖群、喜鹊湖群、射阳湖群、广洋湖群、蜈蚣湖群）为基础,提出湖泊湖荡的生态治理布局优化方案,如表6.2-1和图6.2-2所示。

表 6.2-1　里下河地区湖泊湖荡生态治理布局优化

序号	湖泊湖荡	主要生态环境问题	生态治理布局优化
1	獐狮荡群	水质总体很差,湖泊湖荡破碎化严重,新型污染物含量较高	入湖河道生态拦截湿地,水生植物修复、湖滨湿地修复、网围生态养殖
2	官垛荡群	生物多样性较差,景观破碎化程度较高,水生态系统健康较差	退圩还湖、河湖连通、环湖堤防建设
3	得胜湖群	景观破碎化程度较高,生物多样性较差	河湖连通、环湖堤防建设、近岸带修复工程、湖心岛建设
4	喜鹊湖群	重金属含量较高,生物多样性较差,具有中度富营养化风险	底泥清淤,滨岸带生态治理工程、湿地建设和植被的恢复,增加生物多样性
5	射阳湖群	围圩种/养殖导致河湖水力不畅,水生态系统健康较差	开展河湖连通,湖泊湖荡清淤,岸边带湿地构建,进行水动力恢复和水质提升
6	广洋湖群	水质总体较差,围网和围圩导致破碎化严重,新型污染物含量较高	退圩还湖,河湖连通,在成湖区堤防、排泥场沿湖岸布置滨水植物
7	蜈蚣湖群	新型污染物含量较高,景观破碎化程度较高,水生态系统健康较差	退圩还湖,湖底地形重塑,湖心岛的生态旅游开发利用,在清淤区、弃土区沿湖堤岸布置滨水植物,种植沉水植物,并投放适量的底栖生物和鱼类

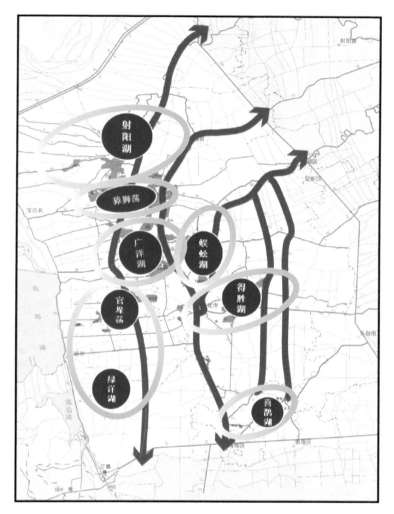

图 6.2-2　里下河腹部湖泊湖荡生态治理总体空间布局

　　针对各个湖泊湖荡的现状生态环境问题,结合各类湖泊湖荡生态治理总体空间布局,分类开展生态修复工程,针对性地提出了里下河地区湖泊湖荡近远期相关生态修复治理工程措施布局(如图 6.2-3 所示)。

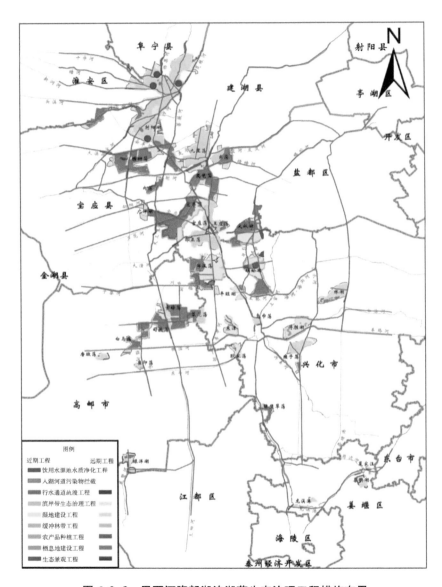

图 6.2-3　里下河腹部湖泊湖荡生态治理工程措施布局

依据全面优化的湖泊湖荡生态功能,明确里下河地区湖泊湖荡区域管控措施。从表6.2-2可以看出,除种质资源保护生态功能外,其他四项生态功能所属区域均禁止从事围垦、养殖等妨碍河道行洪、污染环境、破坏自然景观的行为。因此,湖泊湖荡在空间上应对具有洪水滞蓄、水源水质保护、湿地生态系统保护、生物多样性保护生态功能的湖泊湖荡围垦、养殖进行全面拆除,禁止进行妨碍行洪、环境污染、破坏生态、改变自然景观等活动,以恢复湖泊湖荡自身生态功能;对具有种质资源保护的湖泊湖荡的围垦、养殖调整为绿色生态养殖,但不得在行洪、排涝、河道等重要行水通道处设置捕鱼设施,以恢复湖泊湖荡水生态系统健康。

表 6.2-2 里下河地区湖泊湖荡生态功能及其区域管控措施

生态功能	区域管控措施
洪水滞蓄	禁止建设妨碍行洪的建筑物、构筑物,倾倒垃圾、渣土,从事影响河势稳定、危害河岸堤防安全和其他妨碍河道行洪的活动;禁止在行洪河道内种植阻碍行洪的林木和高秆作物
水源水质保护	禁止围垦河道和滩地,从事围网、网箱养殖,或者设置集中式畜禽饲养场
湿地生态系统保护	禁止围垦湿地、放牧、捕捞、排放工业与生活废水等破坏湿地及其生态功能等行为
生物多样性保护	凡属污染环境,破坏景观和自然风貌,严重妨碍游览活动的,应当限期治理或者逐步迁出
种质资源保护	禁止使用严重杀伤渔业资源的渔具和捕捞方法捕捞;禁止在行洪、排涝、送水河道和渠道内设置影响行水的渔簖、渔箔等捕鱼设施;禁止在航道内设置碍航渔具

(3)时间上生态治理优化布局

考虑到里下河地区湖泊湖荡的近远期规划,制定湖泊湖荡时间上生态治理优化布局。依据里下河地区各个县(市、区)退圩还湖专项规划(表6.2-3),里下河地区2025年恢复湖泊湖荡总水面面积达到246 km² 以上(图6.2-4),2035年恢复湖泊湖荡总水面面积达到486 km² 以上(图6.2-5)。

表 6.2-3 湖泊湖荡退圩还湖规划

编号	湖荡	成湖区面积(km²)	堆土区面积(km²)	合计(km²)
1	白马荡	8.990	2.873	11.864
2	菜花荡	7.562	1.362	8.924
3	陈堡草荡	3.099	1.182	4.280
4	崔印荡	1.472	0.586	2.058
5	大纵湖	30.682	6.712	37.394
6	得胜湖	11.569	4.916	16.485
7	东荡	14.240	5.690	19.931
8	东潭	6.277	2.502	8.779
9	耿家荡	3.753	2.494	6.247
10	官垛荡	29.676	7.976	37.652
11	官庄荡	2.269	0.889	3.158
12	广洋湖	48.894	10.276	59.170
13	郭正荡	5.126	1.815	6.940
14	花粉荡	3.932	0.739	4.671
15	九里荡	12.540	1.165	13.705
16	癞子荡	10.808	4.167	14.975
17	兰亭荡	8.468	5.182	13.650
18	林湖	11.615	4.494	16.109
19	刘家荡	6.812	0.842	7.654
20	龙溪港	2.153	0.820	2.973
21	绿草荡	8.664	1.453	10.117
22	绿洋湖	4.222	1.650	5.872
23	内荡	3.752	1.105	4.858
24	琵琶荡	4.573	2.211	6.784
25	平旺湖	4.742	0.838	5.581
26	沙村荡	1.071	1.675	2.746
27	沙沟南荡	4.619	1.812	6.431

编号	湖荡	成湖区面积(km²)	堆土区面积(km²)	合计(km²)
28	射阳湖	113.516	26.481	139.997
29	司徒荡	4.223	1.367	5.590
30	唐墩荡	2.106	0.817	2.924
31	王庄荡	9.727	2.509	12.236
32	乌巾荡	2.522	0.153	2.675
33	蜈蚣湖	21.266	8.552	29.818
34	喜鹊湖	2.643	0.277	2.920
35	夏家荡	3.216	2.628	5.845
36	夏家汪	0.216	0.795	1.012
37	兴盛荡	7.516	3.001	10.518
38	洋汉荡	35.942	12.434	48.376
39	獐狮荡	31.114	11.665	42.779
合计		495.587	148.109	643.695

表 6.2-4 为依据全面优化的湖泊湖荡生态功能与地方养殖水域滩涂规划，收集到的养殖水域滩涂管理相关内容。从表中可知，到2030 年，盐都区大纵湖以外湖泊湖荡均为养殖区，并以合理的养殖密度进行养殖；兴化市花粉荡、平旺湖、沙沟南荡、大纵湖、蜈蚣湖、得胜湖、陈堡草荡、乌巾荡为禁止养殖区，王庄荡、广洋湖、官庄荡、菜花荡、洋汉荡、郭正湖、蜈蚣湖南荡、林湖、癞子荡、东潭、耿家荡为限制养殖区；宝应县、高邮市、江都区所属湖泊湖荡应列为限制养殖区，网箱围栏总面积不超过水域面积的 1%；建湖县所属湖泊湖荡均为限制养殖区，限养区内已有的水产养殖和超限的围网、栏网全部清除；射阳湖（淮安区与阜宁县）为限制养殖区；姜堰区夏家汪、喜鹊湖、龙溪港为禁止养殖区。

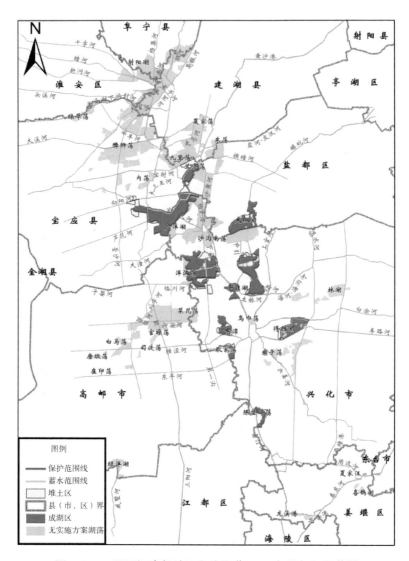

图 6.2-4　里下河腹部地区湖泊湖荡 2025 年退圩还湖范围

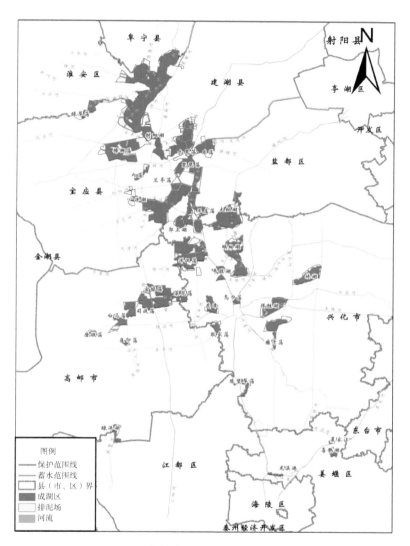

图 6.2-5　里下河腹部地区湖泊湖荡 2035 年退圩还湖范围

表 6.2-4   里下河地区湖泊湖荡养殖水域滩涂管理规划及其相关内容

地方养殖水域滩涂规划	相关内容
《盐城市盐都区养殖水域滩涂规划(2017—2030 年)》	湿地生态系统保护生态功能区域为禁止养殖区,养殖区为除大纵湖以外的其他水域,可按照《水产养殖质量安全管理规定》,确定合理养殖密度
《兴化市养殖水域滩涂规划(2018—2030 年)》	行洪区域与湿地生态系统保护生态功能区域为禁止养殖区,其他湖泊水域为限制养殖区,养殖总面积不超过保护面积的1%
《扬州市养殖水域滩涂规划(2018—2030 年)》	湿地生态系统保护生态功能区域为禁止养殖区,水源水质保护、种质资源保护、生物多样性保护生态功能区域为限制养殖区,养殖总面积不超过保护面积的1%
《建湖县养殖水域滩涂规划(2018—2030 年)》	水源水质保护、湿地生态系统保护生态功能区域为限制养殖区,限养区内已有的水产养殖,超限的围网、栏网全部清除
《淮安市淮安区养殖水域滩涂规划(2018—2030 年)》	射阳湖淮安为限制养殖区,养殖总面积不超过保护面积的 1%
《阜宁县养殖水域滩涂规划(2018—2030 年)》	射阳湖阜宁县为限制养殖区,养殖总面积不超过保护面积的 1%
《泰州市姜堰区养殖水域滩涂规划》(2018—2030 年)	水源水质保护、湿地生态系统保护、生物多样性保护生态功能区域为禁止养殖区

依据 7 项地方养殖水域滩涂规划的要求与 2022 年《江苏省里下河腹部地区湖泊湖荡保护规划》里批复的各湖泊湖荡保护面积,获得各湖泊湖荡围圩、养殖压缩面积,如表 6.2-5 所示。遵循各湖泊湖荡围圩、养殖要求,截止到 2030 年,湖泊湖荡围圩、养殖面积应不超过 39.270 km²,其他均为禁养区和限制养殖区。基于对养殖水域滩涂的管理规划,应根据规划相关要求,逐步恢复各湖泊湖荡生态功能。

表 6.2-5   里下河地区湖泊湖荡围圩、养殖面积

湖泊湖荡	所在县(市、区)	现状保护范围圩区面积(km²)	围圩、养殖面积(km²)
射阳湖	宝应	41.748	132.481	≤0.417
	建湖	45.614		0
	阜宁	24.895		≤0.248
	淮安	20.224		≤0.202

湖泊湖荡	所在县 (市、区)	现状保护范围 圩区面积(km²)		围圩、养殖面积 (km²)
绿草荡	宝应	6.796	9.869	≤0.068
	淮安	3.073		3.073
夏家荡	建湖	7.381	7.381	0
沙村荡	建湖	2.721	2.721	0
刘家荡	建湖	6.793	6.791	0
獐狮荡	宝应	42.813	42.813	≤0.428
内荡	宝应	5.230	5.230	≤0.052
九里荡	建湖	13.093	13.093	0
东荡	建湖	7.877	17.992	0
	盐都	10.115		10.115
兰亭荡	宝应	13.749	16.892	≤0.137
	盐都	1.778		1.778
	建湖	1.345		0
琵琶荡	盐都	6.940	6.940	6.940
广洋湖	宝应	45.088	54.820	≤0.451
	兴化	9.732		≤0.097
官庄荡	兴化	3.158	3.158	≤0.032
王庄荡	兴化	9.166	12.513	≤0.092
	盐都	3.347		3.347
兴盛荡	盐都	10.003	10.535	10.003
	兴化	0.532		≤0.005
大纵湖	兴化	17.308	36.764	0
	盐都	19.456		0
郭正湖	兴化	6.950	6.950	≤0.070
花粉荡	兴化	4.712	4.712	0
沙沟南荡	兴化	6.682	6.682	0

续表

湖泊湖荡	所在县 (市、区)	现状保护范围 圩区面积(km²)		围圩、养殖面积 (km²)
洋汊荡	兴化	41.636	48.258	≤0.416
	高邮	6.622		≤0.066
蜈蚣湖	兴化	23.497	23.497	0
蜈蚣湖南荡	兴化	6.771	6.771	≤0.068
平旺湖	兴化	5.169	5.169	0
林湖	兴化	16.072	16.072	≤0.161
乌巾荡	兴化	2.675	2.675	0
得胜湖	兴化	15.795	15.795	0
癞子荡	兴化	15.078	15.078	≤0.151
东潭	兴化	8.779	8.779	≤0.088
耿家荡	兴化	3.404	5.190	≤0.034
	高邮	1.786		≤0.018
官垛荡	高邮	36.988	36.988	≤0.370
菜花荡	兴化	6.016	9.871	≤0.060
	高邮	3.855		≤0.039
司徒荡	高邮	5.434	5.434	≤0.054
白马荡	高邮	11.713	11.713	≤0.117
崔印荡	高邮	1.953	1.953	≤0.020
唐墩荡	高邮	2.863	2.863	≤0.029
陈堡草荡	兴化	4.271	4.271	0
绿洋湖	高邮	5.788	5.788	0
夏家汪	姜堰	0.779	0.779	0
喜鹊湖	姜堰	2.905	2.905	0
龙溪港	姜堰	2.896	2.896	0

图 6.2-6(a)为湖泊湖荡景观破碎化情况,图 6.2-6(b)为湖泊湖荡水生态系统健康状况。结合两图的结果可知,中南部湖泊湖荡破碎化程

度加大,其中绿洋湖、得胜湖、陈堡草荡、耿家荡、崔印荡、菜花荡的破碎化程度与其他湖泊湖荡相比较大,PD 值分别为 30.02 个/km²、26.92 个/km²、26.76 个/km²、24.20 个/km²、23.6 个/km²、23.14 个/km²,同时绿洋湖和崔印荡健康状况为病态,其他 4 个湖泊湖荡为不健康。因此,可考虑优先进行这 6 个湖泊湖荡的格局优化,并作为代表性湖泊湖荡,为不同生态功能的湖泊湖荡空间格局优化提供参考。

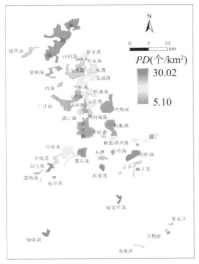

(a) 湖泊湖荡群景观破碎化情况　　(b) 湖泊湖荡群水生态系统健康状况

图 6.2-6　里下河地区湖泊湖荡景观破碎化情况与水生态系统健康状况

6.2.3　分区建设重点

(1) 洪水滞蓄功能区湖泊建设重点

洪水滞蓄功能区的湖泊有射阳湖、大纵湖、蜈蚣湖及蜈蚣湖南荡、得胜湖等,主要生态修复的方向为:① 由于湿地长期积水,茂密植物的草根层疏松多孔,具有很强的持水能力,是蓄水防洪的天然

"海绵",不仅增加了洪水调蓄能力,还增加了生态水位的保障率。因此,加强洪水调蓄生态功能区的建设,实施退圩还湖,重建湿地生态系统;② 加强流域治理、植被恢复并保护上游植被,减少湖泊、湿地萎缩,植被起到缓滞水流和保护地面的作用,可以在一定的范围内减少洪灾;③ 控制水污染,改善水环境,通过河湖连通和水动力的提升,为水质改善和生态修复提供基础,并提高里下河地区的水资源供给服务功能。退圩还湖后形成较大的自由水面,依托里下河腹部地区的五纵六横骨干水系,河湖连通一体,水位同涨同落,洪水滞蓄功能为主要功能,同时还具有供水、生态服务等多种功能,发挥综合效益。各个湖泊湖荡生态修复工程布置详见表6.2-6。

表 6.2-6 洪水滞蓄功能区湖泊湖荡工程建设内容

湖泊湖荡	退圩还湖及开发利用现状	退圩还湖规划工程建设内容	生态修复工程建设内容
射阳湖	九龙口景区内每年退约4 000亩。湖区在射阳湖重要湿地和九龙口重要湿地、马家荡重要湿地。公园有两处,为九龙口湿地公园和马家荡湿地公园;水源地有两处,为阜宁县潮河水源地、建湖县戛粮河水源地;附近文化遗址有两处,为望夫台和建湖泰山寺。现状基本以养殖和种植为主	河湖连通、三县一区各设一个饮用水取水口,作为备用水源地,湖岸滨水50 m及沿岛四周50 m范围内做生态修复带,水产生态养殖区控制在15.978 km²,沿新的湖岸线建设环湖公路	取水口处1 000 m半径范围内的水质保护工程(污染物生态拦截、利用鱼塘梗做多塘湿地等)、戛粮河供水路线上水源涵养工程、九龙口景区退出区域的湿地重建工程,生态岛的建设。河道周边做林地缓冲带
大纵湖	盐都区大纵湖退圩还湖已经实施完成,建成国家4A级旅游景区,湖区内不设置任何围网养殖;兴化市部分还未编制实施方案,现状以养殖为主。湖区在大纵湖重要湿地内	河湖连通、鸟岛、水下古城岛、100～150 m近岸带生态修复、水生植物修复、湖滨湿地修复、网围生态养殖、低梗网栏养殖、旅游度假区	盐都区域内整合现有资源,对其进行水文化挖掘;兴化市区域内:行水通道连通,清趣区域的滨岸带生态治理、湿地重建。并对其进行水生态景观建设

续表

湖泊湖荡	退圩还湖及开发利用现状	退圩还湖规划工程建设内容	生态修复工程建设内容
蜈蚣湖及蜈蚣湖南荡	实施方案已批复,退圩还湖完成水面 1 100 亩。搬迁工作已完成。湖区在蜈蚣湖重要湿地保护区内	湖底地形重塑、湖心岛的生态旅游开发利用、结合环湖路及景观修建蜈蚣湖及南荡地方,在行水通道处架设桥梁、近岸带修复工程。在清淤区、弃土区沿湖堤岸布置滨水植物。成湖后,在南北或东西宽度大于 1 km 的区域周边 20～30 m 范围内种植浮叶植物和挺水植物,在清淤区种植沉水植物,并投放适量的底栖生物和鱼类,共布设近岸生态修复带长 16.37 km	有河道生态廊道连接大纵湖构建一个完整的景观板块,营造"两带两环"的乡土景观体验带。座湖心岛中间岛营造鸟类栖息地,位于中心岛两侧的岛景观定位为具有乡野趣味的休闲游憩,兼顾水文化、水生态科普
得胜湖	实施方案已批复,基本完成搬迁拆除工作。湖区在兴化西北湖荡重要湿地保护区内。S351 从湖中南北穿过	河湖连通、环湖堤防建设、近岸带修复工程、湖心岛的建设	湖心岛的周边的滨岸带生态治理工程、河网交叉入湖口的湿地景观提升工程、车路河等河道沿岸的涵养林建设。镇区段的景观生态工程

（2）水源水质保护功能区湖泊建设重点

水源水质保护,是指以养护水资源,调节水文状况,提升生态系统水分保持能力,改善水环境质量为目的而实施的恢复植被、保持水土、防治污染等活动。水源水质保护功能区的湖泊有琵琶荡、东潭、耿家荡、陈堡草荡等。水生态保护修复主要方向:① 对重要水源涵养区建立生态功能保护区,加强对水源涵养区的保护与管理,严格保护具有重要水源涵养功能的自然植被,限制或禁止各种损害生态系统水源涵养功能的经济社会活动和生产方式,如无序采矿、毁林开荒、湿地和草地开垦、过度放牧、道路建设等;② 继续加强生态保护与恢复,恢复与重建水源涵养区森林、草地、湿地等生态系统,提高生态系统的水源水质保护能力。坚持自然恢复为主,严格限制在水源涵养区大规模人工造林;③ 控制水污染,减轻水污染负荷,禁止导致水体污染的产业发展,开展生态清洁小流域的建设;④ 严格控制载畜量,实行以草定畜,在农牧交错区提倡农牧结合,发展生态产业,培育替代产业,减轻区内畜牧业对水源和生态系统的压力。

因此,对水源水质保护生态功能区的每个湖泊采取针对性的水质和水生态的措施,具体的工程建设内容详见表 6.2-7。

表 6.2-7　水源水质保护功能区湖泊湖荡工程建设内容

湖泊湖荡	退圩还湖及开发利用现状	退圩还湖规划工程建设内容	生态修复工程建设内容
琵琶荡	有退圩还湖专项规划,未编制实施方案。现状主要是养殖和种植	退圩还湖、河湖连通、环湖堤防建设	滨岸带生态治理工程、湿地建设、靠近河道处做涵养林
东潭	有退圩还湖实施方案。现状主要以养殖为主,少量种植,还有拟建阜兴泰高速、垃圾填埋场、光伏项目。湖区在甘垛湿地内,靠近横泾河开发区水源地	退圩还湖、河湖连通、近岸带生态修复,在排泥场沿线区域周边 20～30 m 范围内种植浮叶植物和挺水植物,在清淤区种植沉水植物,并投放适量的底栖生物和鱼类	滨岸带生态治理工程、湿地建设、植被恢复技术等
耿家荡	兴化部分有退圩还湖实施方案。现状主要以养殖和种植为主,其余为村庄、S351 省道、拟建阜兴泰高速、墓地、农家乐、奶牛农场等。湖区在甘垛湿地内。现状数据分析,水质为劣 V 类,生物多样性较差	退圩还湖、河湖连通、近岸带生态修复,在排泥场沿线区域周边 20～30 m 范围内种植浮叶植物和挺水植物,在清淤区种植沉水植物,并投放适量的底栖生物和鱼类	滨岸带生态治理工程、多坑塘湿地,改善水质,植被恢复,增加生物多样性

续表

湖泊湖荡	退圩还湖及开发利用现状	退圩还湖规划工程建设内容	生态修复工程建设内容
陈堡草荡	有退圩还湖实施方案。退圩还湖已经完成95%。靠近兴化市卤汀河周庄水源地	在清淤区、弃土区沿湖堤岸布置滨水植物,在湖泊近岸区域周边20~30 m范围内种植浮叶植物和挺水植物,在清淤区种植沉水植物,并投放适量的底栖生物和鱼类,近岸生态修复带高程设计为0.50 m,共布设近岸生态修复带长11.11 km	滨岸带生态治理工程、湿地建设,保证水源地水质,植被恢复技术等

（3）湿地生态系统保护功能区湖泊建设重点

湿地生态系统保护功能区的湖泊有乌巾荡、唐墩荡、绿洋湖和喜鹊湖等,主要水生态修复的方向为:用于旅游、生产、景观的水域,以生态旅游开发为主,并结合水生态的建设和水科普的传播,满足人对赏水、观水和亲水的需求。根据退圩还湖后城市规划和当地需求,对这些湖泊进行景观规划建设,包括湿地公园建设、景观提升优化、景观配套等建设。具体详见表6.2-8。

表6.2-8　湿地生态系统保护功能区湖泊湖荡工程建设内容

湖泊湖荡	退圩还湖及开发利用现状	退圩还湖规划工程建设内容	生态修复工程建设内容
乌巾荡	有退圩还湖实施方案。现状湖区内有公园设施和居民点,是兴化城区主要发展方向段。湖区在甘垛湿地内。东侧芦苇荡保持不变	退圩还湖,河湖连通、结合环湖路建设布置堤防,排泥场周边设30~50 m还湖生态带	湿地修复、景观提升、水文化营造

湖泊湖荡	退圩还湖及开发利用现状	退圩还湖规划工程建设内容	生态修复工程建设内容
唐墩荡	有退圩还湖专项规划,未编制实施方案。现状以养殖为主,其余为光伏、京沪高速 G2、连淮扬高铁、旅游景区、景区内以水杉林和水面为主、有少量景区建筑。湖区在高邮东湖省级湿地内	退圩还湖、河湖连通、环湖堤防建设	西部结合原有景区做提升,增加水文化的营造和水生态的建设,东部做湿地景观
绿洋湖	有退圩还湖专项规划,未编制实施方案。现状主要是养殖和种植,还有村庄、林地。现状数据分析,水质为劣 V 类,生物多样性较差。在绿洋湖湿地内	退圩还湖、河湖连通、环湖堤防建设	滨岸带生态治理、建设湿地提高湖区水质,植被恢复技术提高生物多样性,在景观提升提供的同时增加水文化的挖掘
喜鹊湖	退圩还湖完成。现状为溱湖国家湿地公园,是国家 5A 级旅游景区	退圩还湖、河湖连通、环湖堤防建设	整合现有资源,对其进行水科普和水文化的挖掘

（4）生物多样性保护功能区湖泊建设重点

生物多样性保护功能区的湖泊有王庄荡、崔印荡、白马荡、司徒荡和菜花荡等,是生物敏感性比较强的湖泊湖荡,主要生态修复的方向为:① 根据湖泊湖荡中生物多样性资源调查与监测数据结论,分析生物多样性受威胁原因,提出对湖泊湖荡进行退圩还湖;② 建设动物栖息地,保护自然生态系统;③ 在退圩还湖基础上,在湿地保护区内进行湿地重建,以生物多样性重要功能区为基础,完善自然保护区体系与保护区群的建设;④ 在水下种植沉水植物,构建水下森林,形成稳定草型营养型河道生态系统,起到为水生动植物提供生存环境和净化水质的作用;⑤ 提高生物多样性资源的监测能力,从而客观了解区域的水生态系统状况,指导区域的生态治理和保护。

因此，对每个湖泊采取针对性的水质和水生态的措施来保护生物的多样性，具体的工程建设内容详见表6.2-9。

表6.2-9　生物多样性保护功能区湖泊湖荡工程建设内容

湖泊湖荡	退圩还湖及开发利用现状	退圩还湖规划工程建设内容	生态修复工程建设内容
王庄荡	有退圩还湖专项规划，未编制实施方案。现状为农田、村庄。湖区在临泽湿地保护区内	退圩还湖、河湖连通、环湖堤防建设	滨岸带生态治理工程、湿地重建、南部靠近大潼河处做涵养林。沙沟古镇圈做景观工程，包括水文化的营造和景观生态工程
崔印荡	有退圩还湖专项规划，未编制实施方案。现状基本以养殖区为主，其余为种植、房屋等。湖区在高邮生物多样性保育区内	退圩还湖、河湖连通、环湖堤防建设	滨岸带生态治理工程、湿地建设和植被的恢复，增加生物多样性
白马荡	有退圩还湖专项规划，未编制实施方案。现状主要以养殖为主，其余为种植、房屋、道路等。湖区在高邮生物多样性保育区内	退圩还湖、河湖连通、环湖堤防建设	滨岸带生态治理工程、湿地建设和植被的恢复，增加生物多样性。靠近横泾河处做涵养林
司徒荡	有退圩还湖专项规划，未编制实施方案。现状主要以养殖为主，其余为种植、X204道路等。湖区在高邮生物多样性保育区内	退圩还湖、河湖连通、环湖堤防建设	滨岸带生态治理工程、湿地建设和植被的恢复，增加生物多样性。靠近河道处做涵养林
菜花荡	有退圩还湖专项规划，未编制实施方案。现状主要以养殖为主，其余为种植、村庄、光伏、X202道路、水杉林等。湖区在高邮生物多样性保育区内。现状数据分析，生物多样性较差	退圩还湖、河湖连通、环湖堤防建设	滨岸带生态治理工程、湿地建设和植被的恢复，增加生物多样性

（5）种质资源保护功能区湖泊建设重点

种质资源保护功能区的湖泊有绿草荡、獐狮荡、内荡等,主要水生态修复的方向为:① 发展无公害农产品、绿色食品和有机食品;调整农业产业和农村经济结构,合理组织农业生产和农村经济活动;② 对退圩还湖后的湖泊湖荡滨岸带进行生态治理,对面源污染进行生态拦截,构建缓冲林带和生态沟等;③ 维护渔业生物多样性,提高湖泊湖荡的生态服务功能。

具体建设内容详见表 6.2-10。

表 6.2-10　种质资源保护功能区湖泊湖荡工程建设内容

湖泊湖荡	退圩还湖及开发利用现状	退圩还湖规划工程建设内容	生态修复工程建设内容
绿草荡	有退圩还湖专项规划,未编制实施方案。现状基本以种植、养殖为主,无其他。根据《宝应县城市总体规划（2010—2030）》,宝应县绿草荡处在大力发展以现有文体教玩具为主的东部片区	退圩还湖、河湖连通、环湖堤防建设	滨岸带生态治理、植被恢复技术提高生物多样性、可以种植当地的经济作物,包括荷藕等;另外,可将绿洋湖打造水产品提供服务区
獐狮荡	有退圩还湖专项规划,未编制实施方案。现状主要为种植、养殖为主,还有村庄、新水源地及引水工程。现状数据分析,水质为劣Ⅴ类	退圩还湖、河湖连通、环湖堤防建设	通过滨岸带生态治理、多坑塘湿地,改善水质,拦截入湖面源污染,湿地内主要种植有经济效用和净化水质作用的作物,并结合作物种植发展旅游产业
内荡	有退圩还湖实施方案。现状主要以养殖和种植为主。现状数据分析,生物多样性较差	退圩还湖、河湖连通、近岸带生态修复、环湖堤防建设	植被恢复技术提高生物多样性,主要种植当地的经济作物,包括荷藕等,并结合作物种植发展旅游产业。沿大三王河做经济林地缓冲带,保护大三王河的供水水质

第七章

水环境治理与水功能区保护措施

7.1 水环境治理对策

7.1.1 排污总量控制

根据《重点流域水污染防治规划(2016—2020年)》,江苏省全流域共划分为101个国家级控制单元,其中53个位于长江(含太湖)流域、48个位于淮河流域。

根据《江苏省"三线一单"技术报告》,省级控制单元划分综合考虑控制单元水环境问题严重性、水生态环境重要性、水资源禀赋、人口和工业聚集度等因素,在101个国家级控制单元基础上划分为226个省级控制单元,包括长江(含太湖)流域139个省控单元、淮河流域87个省控单元(图7.1-1)。

通过ArcGIS叠合里下河腹部地区湖泊湖荡范围和淮河流域87个省控单元,获得里下河地区湖泊湖荡群涉及的省控单元。里下河地区湖泊湖荡共涉及12个省控单元,如图7.1-2所示。

结合各个县(市、区)的污染负荷排放数据,以及县(市、区)边界及省控单元边界进行12个省控单元污染负荷的空间分配,得到每个控制单元2018年的污染负荷量,结果见表7.1-1和图7.1-3。考虑到里下河地区湖泊湖荡区域主要为种植和养殖业,点源较少,因此不考虑县(市、区)的点源统计数据,仅考虑区域内规模以上点源数据。

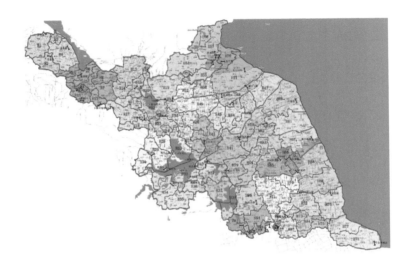

图 7.1-1　淮河流域 87 个省控单元示意图

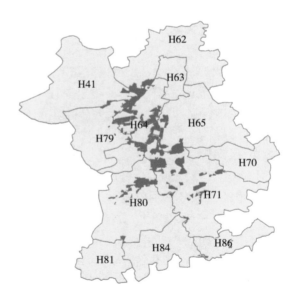

图 7.1-2　里下河地区湖泊湖荡涉及的省控单元

表 7.1-1　里下河地区省控单元 2018 年污染负荷量

省控编号	COD(t)	$NH_3-N(t)$	TN(t)	TP(t)
H41	10 433	2 318	5 747	1 302
H62	1 1407	2 799	6 971	1 657
H63	2 918	731	1 828	424
H64	7 993	1 938	4 804	1 102
H65	9 223	2 605	6 543	1 497
H70	5 202	1 343	3 324	800
H71	19 508	5 037	12 464	3 000
H79	9 426	2 241	5 528	1 259
H80	9 227	2 560	6 365	1 475
H81	3 013	490	1 157	88
H84	5 852	706	1 803	115
H86	2 584	739	1 804	419

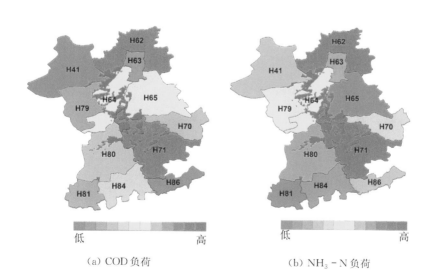

（a）COD 负荷　　　　　　　（b）NH_3-N 负荷

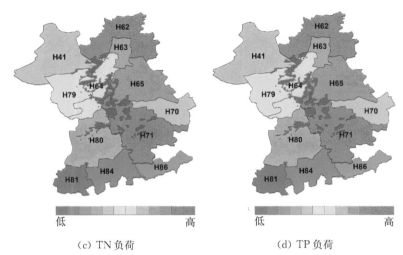

（c）TN负荷　　　　　　　　　（d）TP负荷

图7.1-3　里下河地区省控单元2018年污染负荷空间分布图

根据江苏省"三线一单"，江苏省226个省控单元中，里下河地区的12个省控单元2020年的总量控制目标如表7.1-2所示。

表7.1-2　里下河地区湖泊湖荡省控单元2020年总量控制目标

控制编号	省控制单元	2020年总量控制目标（t/a）			
		COD	NH₃-N	TN	TP
H41	淮安市淮安区苏北灌溉总渠、排水渠	10 044.72	1 208.94	2 056.21	239.95
H62	盐城市阜宁县通榆河、射阳河	8 712.96	1 307.77	3 204.58	275.25
H63	盐城市建湖县西塘河陈堡	2 630.62	357.78	838.71	72.03
H64	扬州市宝应县宝射河，盐城市建湖县西塘河、夏粮河	6 627.36	1 022.59	2 445.34	206.53
H65	盐城市盐都区蟒蛇河	9 164.42	1 280.46	3 312.32	270.79
H70	盐城市大丰区泰州市兴化市斗龙港、兴盐界河	1 220.51	154.32	409.37	39.19
H71	泰州市兴化市大纵湖、上官河、卤汀河、车路河、猪腊沟	1 5038.20	2 041.26	5 485.55	513.93

控制编号	省控制单元	2020 年总量控制目标(t/a)			
		COD	NH₃ - N	TN	TP
H79	扬州市宝应县京杭大运河、宝射河、宝应湖	5 323.75	806.33	1 624.79	130.89
H80	扬州市高邮市北澄子河、盐河、三阳河	7 280.84	908.78	2 379.47	209.15
H81	扬州市邗江区京杭运河邵伯湖	2 739.28	445.88	1 051.48	80.24
H84	扬州市和泰州市新通扬运河、三阳河	5 319.74	641.70	1 638.84	104.92
H86	泰州市姜堰区泰东河	6 458.61	904.58	1 926.96	179.05

参考《淮安市"三线一单"生态环境分区管控方案》、《扬州市"三线一单"生态环境分区管控实施方案》、《盐城市"三线一单"生态环境分区管控实施方案》和《泰州市"三线一单"生态环境分区管控实施方案》,进行里下河地区省控单元 2025 近期水平年和 2035 远期水平年削减控制目标制定,如表 7.1-3 所示。

其中淮安市"三线一单"提出,到 2025 年,全市主要水污染物 COD、氨氮、总氮、总磷较 2020 年分别下降 5.9%、5.0%、7.4%、8.2%;到 2035 年,全市主要水污染物 COD、氨氮、总氮、总磷较 2025 年分别下降 3.7%、3.2%、4.0%、4.7%。扬州市"三线一单"提出,到 2025 年,全市水环境质量持续改善,以目前国家考核淮安市的 9 个地表水国家考核断面为基数,水质优良比例达到 66.7%以上;到 2035 年,全市水环境质量总体改善,以目前国家考核淮安市的 9 个地表水国家考核断面为基数,水质优良比例达到 77.8%以上。盐城市"三线一单"提出,到 2025 年,盐城市地表水国家考核断面水质优良(达到或优于Ⅲ类)比例达到 77.8%以上;到 2035 年,盐城市地表水国家考核断面水质优良(达到或优于Ⅲ类)比例达到 100%。泰州市"三线一单"提出,到 2025 年,全市水环境质量持续改善,水质优良比例保持 100%;到 2035 年,水质优良比例保持 100%。到 2025 年全市 COD 和氨氮负荷削减 5%～10%,到 2035 年负荷削减 0～5%。

表 7.1-3　里下河地区省控单元近远期水平年负荷削减目标

省控编号	2025 年削减比例（较 2020 年，%）				2035 年削减比例（较 2025 年，%）			
	COD	NH$_3$-N	TN	TP	COD	NH$_3$-N	TN	TP
H41	5~8	5~8	5~8	5~8	3~5	3~5	3~5	3~5
H62	5~10	5~10	5~10	5~10	3~5	3~5	3~5	3~5
H63	5~10	5~10	5~10	5~10	0~5	0~5	0~5	0~5
H64	5~10	5~10	5~10	5~10	0~5	0~5	0~5	0~5
H65	5~10	5~10	5~10	5~10	3~5	3~5	3~5	3~5
H70	5~10	5~10	5~10	5~10	0~5	0~5	0~5	0~5
H71	5~10	5~10	5~10	5~10	0~5	0~5	0~5	0~5
H79	5~10	5~10	5~10	5~10	0~5	0~5	0~5	0~5
H80	5~10	5~10	5~10	5~10	0~5	0~5	0~5	0~5
H81	5~10	5~10	5~10	5~10	0~5	0~5	0~5	0~5
H84	5~10	5~10	5~10	5~10	0~5	0~5	0~5	0~5
H86	5~10	5~10	5~10	5~10	0~5	0~5	0~5	0~5

7.1.2　城镇生活污染治理

完善污水处理厂配套管网建设和城镇生活污水收集配套管网的设计、建设与投运，污水处理设施的新建、改建、扩建同步，合理布局入河排污口，充分发挥污水处理设施效益。着力加强兴化市、淮安区、阜宁县的污水管网建设。到 2025 年，做到城区污水的全收集。继续推进污水处理设施建设，各地根据城镇化发展需求，适时增加城镇污水处理能力。

加快城镇污水处理设施提标改造，对所有执行二级及以下标准的城镇污水处理设施实施提标改造，到 2025 年全面达到一级 A 排放标准。鼓励有条件的区域通过人工湿地等设施，进一步提升污水处理设施出水水质；强化污泥安全处理处置；对污水处理设施产生的污泥应进行稳定化、无害化和资源化处理处置，禁止处理处置不达标的污泥进入耕地。

7.1.3　农村农业及生活污染治理

加强养殖污染防治，优化畜禽养殖空间布局。加快完成畜禽养殖禁养区划定工作，依法关闭或搬迁禁养区内的畜禽养殖场（小区）和养殖专业户。提升畜禽标准化规模养殖水平、推进养殖产业有序转移等措施，促进畜禽养殖布局调整优化。应加大规模畜禽养殖场改造升级力度，发展生态养殖。

推进农业面源污染治理，主要在农业用水区比较集中的阜宁县和建湖县地区，要改革不利于生态环境绿色发展的运行机制，结合当地农民的实际利益，制定出台相关政策鼓励农业生产者发展生态农业、循环农业。积极推进生态循环农业、现代生态农业产业化建设，推动农业废弃物资源化利用试点和有机肥替代化肥建设，推动生态循环农业示范基地建设，积极探索高效生态循环农业模式，构建现代生态循环农业技术体系、标准化生产体系和社会化服务体系。合理施用化肥、农药。通过精准施肥、调整化肥使用结构、改进施肥方式、有机肥替代化肥等途径，逐步控制化肥使用量。到 2025 年，确保测土配方施肥技术推广覆盖率达 90% 以上，主要农作物化肥使用量和农药使用总量零增长。推进重点区域农田退水治理。在自然保护区、重要湿地等敏感区域以及灌区建设生态沟渠、植物隔离条带、净化塘等设施减缓农田氮磷流失，减少对水体环境的直接污染。

开展农村环境综合整治以水源区及生态敏感区的优先控制单元为重点，推进农村环境综合整治。推进农村污水垃圾处理设施建设。综合考虑村庄布局、人口规模、地形条件、现有治理设施等因素，坚持分散、半集中、集中处理相结合，因地制宜采取分散（村级）污水处理设施、污水处理厂（站）、人工湿地、氧化塘等方式，统筹城乡污水处理设施布局。加强垃圾分类资源化利用，完善收集—转运—处理处置体系。完善农村污水垃圾处理设施运营机制，加强已建污水垃圾处理设施运行管理。

7.1.4 入湖河流污染治理

里下河地区河湖交错,分布有众多滨岸带和河湖过渡区。入湖河流的污染治理对于湖泊湖荡的水质改善具有重要意义。主要入湖河流中宝射河水质较差,因此与之相连的獐狮荡的水质等级也明显较低。此外,大官河整体水质也较差,与之相连的湖荡的水质等级也较低。因此,针对宝射河和大官河等入河河流进行治理,对于提升湖泊湖荡水质具有重要现实意义。

对于入湖河道的治理,可在河道两侧建设缓冲带,大幅度减少河道两侧的高强度人为干扰,同时发挥缓冲带的氮磷拦截功能,将沿河的农田径流进一步净化,以保持与改善入湖河流水质。在此工艺中,以河道为轴心,依次向外进行不同类型功能区的布设,将近岸区强化净化空间、较远区域环境友好种植空间和基本农田区生产空间顺次排列,基本形成基于空间布局的面源污染控制体系。对于两岸相对硬化的入湖河道,可以考虑在河道入湖口附近进行湿地的构建,净化入湖水质。

对于西部入湖河流与"南水北调"的泰州引江河等入流,应通过扬州和泰州两市的环保部门做好入流河道的水环境治理,新建企业要严格执行"三同时",调整工业布局,沿河、沿湖不得建设污染严重的化工厂等企业。

7.1.5 内源污染治理

里下河地区湖泊湖荡众多,沉积物对外源氮、磷的接纳有一个从汇到源的转化过程,即随着外源污染的不断累积,沉积物中的氮、磷开始向水中释放。在这种情况下,即使切断了外源污染,内源污染也会在相当长的时间内阻止水质的改善,甚至导致湖泊富营养化。积极采取措施减少湖内污染负荷,如实施底泥疏浚,是控制湖泊富营养化的对策之一,对于降低河道底泥污染释放风险、增加水体纳污能力具有重要意义。

对底泥污染严重水域实施生态清淤,促进区域水系畅通。结合里下河地区湖泊湖荡退圩还湖工程,进行湖泊湖荡底泥疏浚,对于大型湖泊湖荡(獐狮荡和官垛荡等)可进行聚泥成岛,有效解决底泥的堆放问题,同时形成自然湿地岛,能够净化水质,也可为鸟类提供重要的栖息场所。

移动污染线源治理:里下河地区部分河湖兼具航运等功能,对受船舶污染严重的水域实施船舶防污工程,建设和完善船舶污染物岸上接受设施,建立和完善船舶污染应急基地、码头应急配备等。

7.1.6　水产养殖区域管控

结合里下河地区各个县(市、区)的水域滩涂管理规划(如表6.2-4所示),统筹渔业发展和环境保护,科学划定养殖区、限养区和禁养区,稳定水产养殖面积,保障渔业生产空间(详见表7.1-4)。

表 7.1-4　水域滩涂功能区划

功能区划	划分依据
禁止养殖区	饮用水水源地一级保护区 自然保护区核心区和缓冲区 国家级水产种质资源保护区核心区等重点生态功能区 饮用水水源二级保护区内从事围网、网箱养殖活动 港口、航道、行洪区、河道堤防安全保护区等公共设施安全区域 有毒有害物质超过规定标准的水体 法律法规规定的其他禁止从事水产养殖的区域
限制养殖区	饮用水水源二级保护区 自然保护区实验区和外围保护地带 国家级水产种质资源保护区实验区 风景名胜区等生态功能区 重点湖泊水库等公共自然水域开展网箱、围栏、养殖活动 法律法规规定的其他限制养殖区
养殖区	池塘养殖区 湖泊养殖区 水库养殖区 稻田综合种养区

遵循各湖泊湖荡围圩、养殖要求,截止到 2030 年,湖泊湖荡围圩、养殖面积应不超过 39.270 km²,其他区域为禁养区或限制养殖区。通过对养殖水域滩涂的管理规划,逐步恢复湖泊湖荡生态功能

（表 6.2-5。）

7.1.7 重金属污染治理

里下河湖泊湖荡近年来随着自由水面萎缩，不仅水质质量状况恶化，水质整体为 V 类水，而且部分湖泊湖荡重金属（汞）含量严重超标（尤其绿洋湖），水相中汞总含量为 $0.17\sim6.36\ \mu g/L$，出现了劣 V 类的情况，危及人民群众身体健康。

目前对于汞污染的治理修复措施主要有化学沉淀法、离子交换法、活性炭吸附法以及还原法等，但上述方法的适用范围更倾向于污水处理厂废水中汞元素的去除，在里下河地区的湖泊湖荡中操作性较低，同时处理不当还可能造成二次污染，进一步恶化湖泊水环境生态。因此，对于里下河地区汞含量较高的湖泊湖荡，明确汞污染来源，采取环境生态友好措施进行汞污染修复十分必要。生物技术具有修复效果较好、成本较低以及生态环境友好等特点，可应用于里下河汞含量较高湖泊湖荡治理与修复，主要包含植物修复和微生物修复，植物修复技术除了可以降低水体中的汞元素外，还可以改善湖泊湖荡景观生态。图 7.1-4 是植物修复汞元素的作用机理。目前采用水生植物进行水体汞元素吸收，且具有良好效果的主要有以下几种，如表 7.1-5 所示，建议采用以下水生植物中相应的当地植物作为修复植物。

表 7.1-5   水生植物修复含 Hg 废水研究实例

水生植物	研究结果
小眼子菜（*Potamogeton-pusillus*）	水中 Hg 被有效去除。小眼子菜具有相对较高的 Hg 积累量〔$(2\ 465\pm293)$ mg/kg〕和转移系数〔$(40\ 580\pm3\ 762)$L/kg〕
黄花蔺（*Limnocharis flava*）	栽植了黄花蔺的人工湿地对 Hg 的去除效率比对照组高 9 倍
欧芹（*Petroselinum crispum*）	随着 Hg 浓度的增加，生物富集系数（BCF）和转移系数（TF）呈线性趋势增加，在 25 mg/L、50 mg/L 的 Hg 处理下，BCF-Hg 和 TF－Hg 最高，分别为 9.32 和 2.02

续表

水生植物	研究结果
浮萍(Lemna minor)、槐叶萍(Salvinia natans)重量比2:1混合培养	植物接触 Hg 期间生物量增幅高达 190%。植物组织中 Hg 累积量达到 238.34 mg/kg,培养基中 Hg 浓度显著降低
长苞香蒲 (Typha domingensis)	污染水中的 Hg 减少了 99.6% ±0.4%。与其他植物种类(水浮莲、蜈蚣菊)相比,长苞香蒲具有较高的 Hg 累积能力[(273.351 5±0.723 4)mg/kg]和转移系数[(7 750.9 864 ±569.546 8)L/kg]

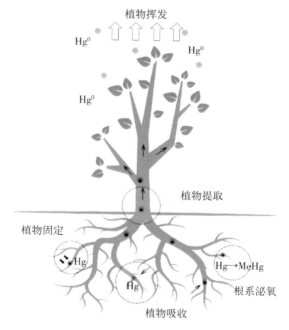

图 7.1-4　植物修复 Hg 作用机理

7.1.8　新型污染物防控

里下河腹部地区湖泊湖荡为典型的平原河网养殖区域,结合里下河地区湖泊湖荡上覆水、沉积物及沉积物孔隙水中抗生素含量的分析结果,可知里下河新型污染物含量较高的地区有獐狮荡、刘家荡、内荡、广洋湖和蜈蚣湖等。以抗生素为例,在被人畜服用后,大部分无法被吸收利用而会随尿液和粪便排出体外,从而进入地表水体和土壤环境。抗生素会在环境中不断累积,进而对水生生物、陆生生物及人体造成潜在的生态风险。进入环境中的抗生素还可通过食物链进行传递,不仅可刺激病原菌产生抗药性,甚至可能破坏整个生态系统的平衡。因此应当加强对湖泊湖荡的新型污染物管控。

由于生活污水、养殖废水等是水环境中抗生素的主要来源,而目前污水处理厂尚未针对新型污染物进行工艺去除,因此控制新抗生素污染源的输入是减小湖泊湖荡中抗生素含量的重要手段。针对新型污染物浓度较高的獐狮荡、刘家荡、内荡、广洋湖和蜈蚣湖等,强化水产养殖用饲料、兽药等投入品管理,严厉打击违法使用投入品行为。在里下河地区建设生态渔业拓展区,重点发展稻田综合种养、淡水品种生态养殖,合理控制网围养殖规模,严禁新增河湖圈圩养殖。对围网养殖污染严重的水域实施围网养殖清理工程,积极实施池塘循环水养殖技术示范工程,构建养殖池塘水生态系统等。从源头减少污染物的输入,从而实现新型污染物的管控。

7.1.9 湖泊富营养化风险管控

目前,里下河地区湖泊湖荡营养状态总体处于中营养—重度富营养,其中獐狮荡具有重度富营养化风险,东荡、郭正湖、乌巾荡、得胜湖、绿洋湖具有中度富营养化风险,其余湖泊湖荡具有轻度富营养化风险。因此,必须加强里下河地区湖泊湖荡富营养化的风险管控。

湖泊富营养化的根本原因是营养物质(氮磷)的增加使得藻类和有机物增加,而里下河地区污染主要来源为农田施肥和畜禽水产养殖。因此,需要控制里下河地区湖泊湖荡氮磷营养物的流入,大力发展生态农业和生态养殖,合理控制化肥、农业的使用量。加强湖泊湖荡水质的日常监测,及时了解湖泊湖荡的营养状态。通过入湖口湿地净化、水体曝气以及底泥清淤等措施进行水质的增值提效。加强湖泊湖荡内的生物调控,实现水域生态系统中生产者(水生植物)、消费者(鱼类等)、分解者(微生物)的合理配置,维持健康良好的水生生态系统,有效控制湖泊藻类水华。

7.2　水功能区保护对策

7.2.1　水功能区优化调整

　　水功能区指根据水资源的自然条件和开发利用现状,按照流域综合规划、水资源保护和经济社会发展要求,依其主导功能划定范围并执行相应水环境质量标准的水域。里下河腹部地区的湖泊湖荡和河网水系水功能区分布如图 7.2-1 所示,基本水功能区类型包含饮

图 7.2-1　里下河腹部地区水功能区空间分布

用水水源地保护区、农业用水区、工业用水区、景观娱乐用水区以及渔业用水区五类。其中对于河道或湖泊湖荡而言,其水功能区功能并不单一,有的河道存在多种水功能区,既是农业用水区也是工业用水区等。

(1) 基本原则

水功能区划调整遵循以下基本原则。

① 社会经济和环境效益相结合原则

水功能区划与水资源利用规划及经济社会发展规划紧密结合,根据水资源的可再生能力和自然承受能力,力求适应经济社会发展以及实施可持续发展战略对水资源保护的要求,为科学合理利用水资源留有余地,促进经济社会和生态环境协调发展。

② 统筹兼顾,突出重点原则

统筹兼顾湖泊不同水域以及经济社会发展规划对水域功能的要求,对于大型湖泊(如面积大于 20 km^2 的射阳湖、大纵湖和蜈蚣湖等),可以对整个湖区划分不同的水功能区,对于面积小于 20 km^2 的可以直接整体纳入某一种主要的水功能区;集中饮用水水源地、重要供水水源地、自然保护区等为优先重点保护对象。

③ 便于管理,实用可行原则

湖泊水功能区的起讫界限尽可能与行政区界一致,便于行政区域管理;其相应水质目标由水域第一主导功能确定。

④ 不低于现状水质和不同功能兼顾原则

当水域现状水质优于水功能要求时,水质目标不得低于现状水域水质。入湖河流水功能区水质存在差异时,允许存在过渡区,但过渡区起止断面的水质必须达到湖泊水质目标要求。

⑤ 前瞻性原则

保护水源水质较好的湖泊,为未来经济社会发展的需求留作将来高水质要求的供水水源。

(2) 调整方法

根据《水功能区划分标准 》(GB/T 50594—2010),水功能区划采用分级分类的方法进行,即一级区划分为四类,二级区划分为七类。如图 7.2-2 所示,一级区划从宏观上解决水资源开发利用与可持续发展的关系,有效地协调行政边界水资源纠纷和矛盾,区划按流域将水域划分为保护区、保留区、开发利用区和缓冲区四类;二级区划主要协调用水部门之间的关系,将一级区划的开发利用区细划为饮用水源区、工业用水区、农业用水区、渔业用水区、景观娱乐用水区、过渡区和排污控制区七类,明确制订各级水功能区的指标体系和水质管理目标。

根据《江苏省地表水(环境)功能区划(2021—2030 年)》,里下河地区目前有 4 个湖泊湖荡列入全省水功能区,其一级水功能区均为开发利用区,包括喜鹊湖姜堰景观娱乐用水区、大纵湖兴化渔业用水区、蜈蚣湖兴化渔业用水区、得胜湖兴化渔业用水区,水功能区水质目标均为Ⅲ类。

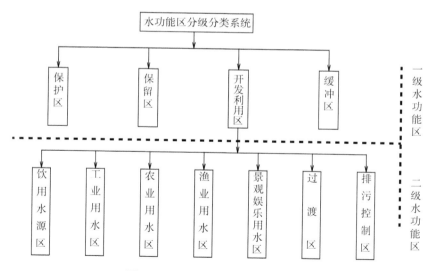

图 7.2-2　水功能区分级分类系统

根据《地表水环境质量标准》(GB 3838—2002)提出的功能要求,地表水功能区对应的水质管理目标如下。

Ⅰ类:主要适用于源头水、国家级自然保护区。

Ⅱ类:主要适用于集中式生活饮用水地表水源地一级保护区、珍稀水生生物栖息地、鱼虾类产卵场、仔稚幼鱼的索饵场等。

Ⅲ类:主要适用于集中式生活饮用水地表水源地二级保护区、鱼虾类越冬场、洄游通道、水产养殖区等渔业水域及游泳区。

Ⅳ类:主要适用于一般工业用水区及人体非直接接触的娱乐用水区。

Ⅴ类:主要适用于农业用水区及一般景观要求水域。

结合里下河地区湖泊湖荡生态功能定位、湖泊湖荡相连河道水功能区划,以及湖泊湖荡退圩还湖规划等,参考《水功能区划分技术规范》(DB 34/T 732—2007),基于上述水功能区划调整原则,提出里下河地区湖泊湖荡退圩还湖后(2035 年)的水功能区划调整建议方案,湖荡水资源的开发利用和保护管理提供科学依据,实现水资源的可持续利用。

7.2.2 严格用水总量控制

严格用水总量控制,提高用水效率,加快推进由粗放用水方式向集约用水方式的根本性转变。强化规划管理和取水许可管理,坚持人口经济与资源环境相均衡,通过以水定需、量水而行、因水制宜,切实提高水资源承载能力。实施污染物总量控制,促进里下河地区结构优化、技术进步和资源节约,实现环境资源的合理配置,加强取水许可日常监督管理,强化水资源的统一管理,促进计划用水和节约用水的开展,提高水资源利用效率。

(1)逐级分解落实用水总量控制指标

严格实施流域和区域用水总量控制制度,沿湖八个县(市、区)要加快制订重点河湖取用水总量控制管理办法,根据国家下达的用水总量控制指标,进一步将用水总量分期(近期和远期)、分区(城区和非城区）、分行业（城镇生活、农村生活、工业和农业）逐级分解至县级行政区，将控制指标落到实处，有条件的地区，要进一步将控制指标分解落实到取用水户。建立用水总量控制和定额管理相结合的水资源管理制度，促进水资源的合理开发、优化配置、全面节约。

（2）强化规划管理和取水许可管理

严格实施取水许可和建设项目水资源论证制度，以流域、区域用水总量控制红线为依据，严把建设项目水资源论证审查、审批关，并建立取水口设置公示制度。推进建立区域限批制度，对用水总量已达到或超过总量控制红线的区域，暂停审批建设项目新增取水；接近总量控制红线的区域，限制审批新增取水。加强用水定额管理，通过省级行政区用水定额评估，推进省区用水定额标准的修订及完善，将用水定额标准作为水资源论证、取水许可、延续取水评估等工作的依据。大力推进规划水资源论证，在制定国民经济和社会发展规划、城市总体规划、土地利用总体规划、重点建设项目布局时，严格以水资源、水生态、水环境承载能力作为刚性约束，做到以水定规模、以水定目标、以水定产业。

（3）强化日常监督管理

加强用水总量控制指标执行和监督检查，建立最严格水资源管理责任和考核制度，将水资源开发、利用、节约和保护的主要指标纳入地方经济社会发展综合评价体系，强化流域管理机构在"三条红线"控制指标考核评估方面职能。按照取水许可管理规定，严格取水许可分级负责制，推进取水口规范化管理。健全取水许可监督管理制度，进一步落实计划用水制度，逐步扩大计划用水的实施范围，按照统筹协调、综合平衡、留有余地的原则，向取水户下达用水计划，保障合理用水，抑制不合理需求。根据年度用水总结和用水计划，建立总量统计和通报制度，强化水资源的日常监督管理。鼓励开展水权交易，运用市场机制合理配置水资源。

（4）合理优化设置取水口布局

严格按照取水口优化布局方案，原有的城市生活供水取水口应根据分区方案和总量控制方案逐步开展优化调整。各县(市、区)应开展辖区内取水口整治规划,逐步开展取水口优化调整实施方案。加强项目调整实施过程中的监督,确保取水口按优化调整方案要求实施,建立取水口优化调整实施情况报告制度,逐步优化取水口布局,提高供水安全的保障程度。

7.2.3 严格水功能区入河排污口管理与监督

入河排污口布局与整治是以入河排污口优化布局为基础,对入河排污口进行统一的规划整治,对于逐步提高水功能区水质达标率具有重要意义。入河排污口与整治的总体思路如图 7.2-3 所示。

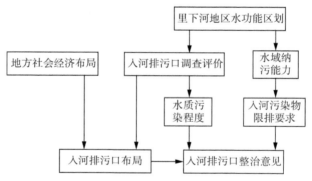

图 7.2-3 入河排污口与整治的总体思路

(1)严格入河排污口设置审批,建立规划入河排污口设置论证制度

严格入河排污口设置审批,依据水功能区限制排污总量意见等有关要求,推动建立入河排污口设置公示制度。将所有的入河排污口纳入管理对象,新设的入河排污口必须依法办理设置审批手续;已设的入河排污口的设置单位应按照入河排污口管理权限到流域管理机构或县级以上地方人民政府水行政主管部门办理或补办入河排污口设置审批手续。对于现状水质不达标和现状污染物入河量超过限

制排污总量要求的水功能区,原则上不得新增排污,根据流域水功能区管理要求,可采取综合措施进行污染物减排或减量置换。

建立规划入河排污口设置论证制度。各类工业聚集区应结合发展规划和水功能区限制排污总量意见,合理选择入河排污口设置地点、合理规划污染物入河量。

(2)着力推进入河排污口信息统计与通报

建立入河排污口统计制度,积极推进建立入河排污口信息通报制度。各县级水行政主管部门应当将统计结果逐级上报至省级水行政主管部门。

(3)强化入河排污口监督管理

合理划定入河排污口监督管理权限,进一步明晰入河排污口管理的中央事权和地方事权,细化入河排污口管理的具体内容和工作程序。县级以上地方人民政府水行政主管部门应当按照入河排污口管理权限,对管辖范围内的入河排污口实施定期或不定期的现场监督检查和监督性监测,发现超标排放或水功能区水质未达标的,及时向有关地方人民政府和环境保护行政主管部门通报。地方各级政府环境保护主管部门应继续削减主要污染物排放总量。

(4)合理优化入河排污口布局

按照各县(市、区)的限排总量保障供水安全的要求,消除入河排污口排污对取水口的影响,各县(市、区)人民政府可按照本规划的思路,结合《全国重要江河湖泊水功能区划(2011—2030)》,开展辖区内的入河排污口整治规划。严格按照入河排污口优化布局方案,对禁止排污区提出入河排污口清理方案;对严格限制排污区应结合河段区位功能、生态功能以及水功能区要求,优化产业结构布局的要求,严格控制污染物排放量;对一般限制排污区应合理安排产业结构布局,提出入河排污口布局的总体安排。开展入河排污口整治实施方案,加强项目调整实施过程中的监督,确保排污口按优化调整方案要求实施,建立排污口优化调整实施情况报告制度。

7.2.4 饮用水水源地安全保障

饮用水水源地是里下河水功能区划的重要组成部分,科学划定饮用水水源保护区,制定饮用水水源地保护和管理对策以及保障措施,建立完善的管理保护制度、良好的生态屏障、监测体系和突发事故应急预案;合理确定饮用水水源地保护和安全建设方案,加强水源地日常管理与保护,统筹水源地综合治理,以水量和供水保证率满足供水目标要求。

（1）饮用水水源地达标保障建设

定期开展水源地水质达标评价,针对水质未能达标的饮用水水源地,制定水源地总量控制方案,提出削减计划,实施隔离防护与确立界碑、污染源及安全隐患整治、长效管理机制建设等达标建设措施。现场调查水源地边坡、护岸,针对性地选择生态修复措施,保障水源地的水质自净能力。

（2）完善饮用水水源地安全评估制度

加强重要饮用水水源地安全保障达标建设,严格落实饮用水水源保护区制度,依法科学划定饮用水水源保护区;建立集中式饮用水水源水质状况年度评估和通报机制,推进水源地综合整治,加强水源地保护工程建设,设立水源地保护区警示牌,设置隔离工程和防护工程,防止人类活动造成对水源地污染,对保护区内现有点源和面源进行整治。

（3）水源地水质水量监控工程建设

明确饮用水水源地日常管理与保护工作的基本要求,全面规范和强化水源保护、安全供水、卫生监督等工作,完善应急水源风险防范措施,加强水源地保护的运行管理;建立饮用水水源地的定期巡查制度,完善饮用水水源地水源水质监测。建立饮用水源地监测预警系统,包括水量水质监测站点建设、在线监测系统、数据库建设、视频监控与传输系统等。水文部分及自来水公司对水质实施监测,在保护区内容沿线设置监控探头,对取水实施破坏行为及时处理和修复。

（4）建立水污染突发环境事件应急响应制度

强化饮用水水源应急管理和建立备用水源，提升水源地应急保障能力。建立健全供水安全预警保障体系，遇到水污染突发环境事件，启动供水应急预案，制定应急响应机制，采取多种应急措施，充分发挥各方面的作用，提高应对各类突发事件危机的能力，保障城乡居民生活用水安全。

第八章

湖泊湖荡水生态修复措施

综合考虑里下河的地理、水文、水生态环境特征及功能需求,提出了"退圩还湖—河湖连通—水质强化净化—水生态空间优化"的水生态修复总体思路,并在此基础上进行典型湖泊湖荡的水生态修复工程设计,科学指导里下河地区湖泊湖荡的生态修复。

8.1 退圩还湖

退圩(渔)还湖是一种拆除养殖围垦,增加湖区自由水面面积的有效措施,适合因围圩、养殖造成自由水面丧失、污染严重的湖泊水生态修复,如图 8.1-1 所示。目前里下河湖泊湖荡圈圩和围网养殖过度,自由水面侵占严重,开展退圩(渔)还湖是提升水质、改善水环境、恢复水生态的重要先决条件。应调查围圩、养殖现状,重点研究符合本地区渔业生态养殖的推荐模式。

（a）拆除围埂　　　　　　　（b）效果示意图

图 8.1-1　退圩还湖示意图

退圩(渔)还湖的主要措施内容如下：

（1）清退区湖泊地形重塑

为提升水质、改善水环境、恢复水生态，可将湖底表层至少10 cm的淤泥全部或者部分清除。为保持适宜的透明度和浊度，适合水生动植物的生长，合理地设计退圩还湖区湖底中心区域平均高程，湖底高程需向岸边逐渐增高。

（2）核算退圩区域土方量

① 底泥清淤量。根据湖泊水域底泥分布的调查，估算确定淤泥深度及清淤量。② 湖区堤防拆除土方。对现有湖区堤防的长度、顶高、顶宽进行测量，并估算内外坡比，计算堤防拆除工程量，将现有堤防均拆除到设计湖底高程，估算确定堤防长度和清除土方量。③ 渔埂土方量。对于大部分渔埂密布的鱼塘圩区，测量圩区鱼埂高度，估算测定鱼埂清除长度和清除土方量。④ 宅基地挖深。对于建在渔埂上看护鱼塘的简易房，进行拆除，其清除土方计入鱼埂土方。

（3）排泥场规划

湖泊保护范围线内的湖区清淤土方和退圩还湖清除土方可考虑统一堆放。如在退圩还湖规划范围之外堆土，需大量占地，无疑将对地方工农业生产造成较大影响，因此，考虑在清退区域内安排一定面积的排泥场，堆放位置原则上不要影响湖泊行洪供水安全，尽量堆高，减少湖泊水域占有。结合地方城市发展要求，同时考虑弃土运输成本，规划布置排泥场。排泥场固结后除安置拆迁农(渔)民外，可结合环湖地区的发展规划，用于发展环湖度假旅游基地，营造良好的生态环境和休闲旅游环境。限制工厂、高楼以及养殖等对湖泊有污染的项目，适度开发无污染、高科技产业，促进地方经济的发展（图8.1-2）。

（4）环湖岸线调整

依托退圩还湖工作，构建科学合理的湖泊自然岸线格局。退圩还湖后清退区新的堤防根据湖泊形态布置，规划新建防洪岸线，堤防

图 8.1-2　湖泊湖荡排泥场分布图

要求符合现状防洪要求,且采用生态护岸,缓坡入湖,保证防洪安全的同时形成沿湖景观带。

（5）生态湿地布设

为了更好地提高湖泊生态系统的自我恢复能力,逐步恢复湖泊受到破坏的自然生态系统,考虑在湖区布置人工湿地。考虑水生植物生长条件,湿地地形沿岸边缓坡至湖底,确定水位最高高程,分为生态修复带和生态缓冲岛。生态修复带主要种植芦苇、茭白、莲藕等水生植物。这些水生植物不仅有一定的经济价值和观赏性,还可以为动物提供栖息地。生态缓冲岛主要栽植芦苇等大型水生植物，不仅能降低航道对湖区水环境的影响，对水生态的修复也具有一定作用。

（6）退圩（渔）还湖补偿机制

制定科学、合理的退圩（渔）还湖补偿机制是退圩还湖工作顺利实施的保障。对清退区内的实物量进行调查可知，主要补偿内容为鱼（蟹）塘补偿、房屋拆迁以及迁移人口安置费用。以国家及地方的相关法律法规和政策文件为依据，根据退圩（渔）面积和迁移人口数量，适当兼顾生态补偿，科学测算有关补偿标准。具体实施时，政府可划定养殖范围，施行相应的补贴政策鼓励退圩，并将移民安置与扶贫、新农村建设、城镇化建设相结合，科学制定移民安置措施。对于污染较严重的养殖户应规劝其退圩（渔）还湖。

8.2　河湖连通与水动力提升

里下河地区湖泊湖荡是天然的调蓄水体，大多是漫滩排水，但由于圈圩和围网养殖过度，大大缩小了荡区行水通道的过水断面，自由水面萎缩严重。盲目圈圩和围网造成穿荡行水通道淤堵严重，特别影响了部分排水通道口门，使原湖荡的泓道封堵、缩窄、淤浅，外河网堵塞严重，水系混乱，互为干扰。无论是排水还是供水，在湖泊湖荡地区都形成较陡的水位比降。圩内虽留有通道，但远远小于老河道的过水面积，水流堵塞严重，难以发挥其应有的行水功能。因此，退圩还湖后的河湖连通工作对于恢复里下河地区的水资源供给能力，维持区域经济可持续发展尤为重要。

利用河网一维水环境数学模型，结合目标鱼类对水质和水动力因子的响应关系，构建基于鱼类生境的河网生态健康评价模型，分析水动力条件现状、水环境容量以及水体自净能力的提升空间，针对湖泊弱动力区，提出引调水措施。

依托里下河地区已有的天然河湖水系，通过清淤、挖泥、疏导等具体措施解决进退口门和滚水坝严重封堵的问题。仅保留第三批滞洪圩的抽排站,关停个别严重影响湖泊湖荡生态服务功能的抽水站。严格按照相关规定合理划分核心保护区与禁止开发区,拆除圩内部分已建的严重不符合湖荡保护管理有关规定的永久性建筑物。将独立的湖泊湖荡与"六纵六横"骨干河道有机连通,通过构建"三线贯通"的河湖串联格局,提高湖泊湖荡与一级、二级河道的连通性,加强南北地区不同湖泊湖荡水体之间的物质交换能力,提升自净能力和纳污能力,促进南部好水与北部坏水的交互循环,保障不同水情下湖泊湖荡的生态需水,为水质改善和生态修复提供基础(表 8.2-1)。

表 8.2-1　开展河湖连通的湖荡与河道

序号	湖泊湖荡	连通河道
1	琵琶荡	沙黄河
2	兰亭荡	杨家河
3	大纵湖	蟒蛇河、龙江河
4	兴盛荡	沙黄河
5	蜈蚣湖	鲤鱼河、中引河、刘家河、大溪河
6	蜈蚣南荡	海沟河
7	洋汊荡	李中河、下官河、子婴河、临河
8	平旺湖	下官河、中引河
9	马巾荡	下官河、上官河
10	得胜湖	渭水河、白涂河、车路河
11	癫子荡	渭水河、兴姜河、九里港
12	林湖	渭水河、西塘港
13	獐狮荡	獐狮河、营沙河、大溪河、安丰河、宝射河、芦东河、朝阳河
14	广洋湖	杨家河、大三王河、向阳河、宝应大河、芦范河、大潼河
15	官垛荡	三洋河、川中河、新六安河、周临河
16	射阳湖	戛粮河、潮河、杨集河、白马湖下游引河、蔷薇河、大三王河、塘河、新涧河、头溪河、大官河、大溪河、十字河

8.3　水质强化净化

按照"拦截—净化—调控"的总体思路,以入湖河口污染负荷削减、污染物生态拦截为前提,在浅水区植被恢复、湿地重建的基础上,以湖区生态系统调控与稳定维持为重点目标,选择典型湖泊湖荡的入湖河流河口区和重污染湖心区,通过跌水、潜坝导流将入湖河流来水引入处理系统,通过底质疏浚、潜流带构建、生态浮床、曝气复氧等方式实现水质强化净化,增强水生态系统净化能力,削减入湖污染负荷。

（1）河湖过渡区和滨岸带生态拦截

湖滨带及入湖河口是内陆最为重要的水陆交错带,兼具入湖水质净化、稳定湖荡岸线、迟滞洪水等多种生态功能,是人类活动干扰强度较高的区域。围湖造田、围湖养鱼、滩涂开发等人类活动使湖滨湿地被侵占,湿地生物多样性下降,生态环境承载力严重削弱,生态自净能力大大降低。入湖河口是里下河地区河流污染物进入湖泊湖荡的关键区域,如何对入湖河流中的污染物进行生态拦截,对于湖泊湖荡水质保护、强化净化具有重要意义。入湖河口污染物生态拦截则是在入湖河口处通过人工湿地、强化光催化反应器—生物膜、河口高效拦截原位处理、廊道式植物拦截墙、强化拦截网膜等技术集成河口区生物—生态拦截、消纳技术,拦截入湖出湖污染负荷,起到净化水质的作用。该技术适用于水动力弱、河流生态基流不足、湖滩湿地生境破碎化、自净能力下降、农业面源污染严重的湖泊。

针对里下河河流生态基流不足、湖滩湿地生境破碎化、河道渠道化、自净能力下降等生态破坏问题,按照不同地理地势和水生态群落特点,在重要排污口下游、支流入干流处、河流入湖口等地因地制宜地建设人工湿地,在河漫滩集成应用生态沟渠、透水路基、地貌修饰等湿地生态补水与水位控制实用技术,充分发挥潜流和表面流人工湿地的净化潜能,实现污染物去除和水质净化。具体措施包括:定向成行栽植典型湿地植物,提升河漫滩湿地的污染物拦截能力;重构生物栖息地和生态廊道,降低水流流速,提升水质净化能力;通过在侵蚀岸边密植河柳,降低河岸侵蚀的同时为鱼类产卵、仔鱼避难、水禽栖息和食物供给提供特殊生境,形成侵蚀河岸河柳护岸与生物栖息的良性互动;在入湖河口处通过人工强化光催化反应器—生物膜、河口高效拦截原位处理、廊道式植物拦截墙、强化拦截网膜等技术集成河口区生物—生态拦截、消纳技术,进一步拦截入湖出湖污染负荷,起到净化水质的作用。具体修复状况见表 8.3-1 和表 8.3-2。

表 8.3-1　开展河湖过渡区生态修复的湖荡与河道

序号	湖泊湖荡	河道	序号	湖泊湖荡	河道
1	射阳湖	杨集河	15	花粉荡	大潼河
2	射阳湖	潮河	16	沙沟南荡	下官河
3	射阳湖	戛粮河	17	大纵湖	东沙沟河
4	射阳湖	白马湖下游引河	18	大纵湖	蟒蛇河
5	射阳湖	大三王河	19	大纵湖	兴盐界河
6	刘家荡	沙黄河	20	洋汊荡	下官河
7	琵琶荡	沙黄河	21	平旺湖	下官河
8	广洋湖	大三王河	22	乌巾荡	下官河
9	广洋湖	大潼河	23	官垛荡	三阳河
10	兴盛荡	沙黄河	24	林湖	西塘港
11	王庄荡	沙黄河	25	陈堡草荡	卤汀河
12	官庄荡	沙黄河	26	龙溪港	卤汀河
13	獐狮荡	大官河	27	夏家汪	泰东河
14	郭正湖	大潼河			

表 8.3-2　开展滨岸带生态修复的河道

序号	河道类别	河道
1	骨干河道	白马湖下游引河
2	骨干河道	白马湖下游引河、宝射河、潼河、蔷薇河、大三王河、大潼河
3	骨干河道	三阳河、北澄子河

续表

序号	河道类别	河道
4	骨干河道	三阳河
5	骨干河道	射阳河、潮河、戛粮河
6	骨干河道	潮河、戛粮河、蔷薇河、黄沙港
7	水源地	西塘河
8	骨干河道	沙黄河、大潼河、兴盐界河、朱沥沟、东涡河、冈沟河
9	水源地	蟒蛇河
10	骨干河道	车路河
11	水源地	泰东河
12	骨干河道	茅山河、泰东河、姜溱河
13	骨干河道	下官河、兴盐界河、西塘港、盐靖河、车路河、卤汀河
14	水源地	上官河、横泾河

（2）底质疏浚

在部分河段有针对性地开展生态清淤，不仅能够降低底泥中的污染物浓度，还可为水生态系统的恢复创造条件。对淤积严重的河段进行底泥疏浚，在一定程度上削减底泥对水体的污染贡献率，进而减少内源释放而造成的二次污染，达到治理内源污染的目的。根据河道功能需求和底泥淤积情况，在满足河道规划断面的深度基础上，针对河道存在的底泥淤积情况，在调查评价底泥污染现状基础上，采用建立的水环境模型，模拟并确定主要清淤位置、清淤范围、深度和清淤量，结合底泥柱状样监测结果分析的受污染底泥的厚度及位置，将工程清淤与生态清淤相结合。

基于高效物化凝聚剂的原位清淤技术进行底泥修复，包括淤泥中有机物化学降解、重金属螯合、总磷固化、土壤骨架及氧化还原电位提升重构等过程。采用高效的底泥原位覆盖和钝化材料，快速固化高含水量的底泥；研究底泥经过固化稳定化处理后土体中重金属、有机污染物、营养盐的溶出规律，提出降低污染底泥及处理土生态风险的相应措施。

（3）水下潜流带构建

水下潜流带位于蓄水层之下，接近河流与河床的位置，与水体和河床密切相连，是上覆水与地下水进行交换的区域，也是支撑河流生态系统的重要组成部分，对生物地球化学循环和生物栖息地具有重要贡献。进行里下河区域水生态修复时，不仅要考虑上覆水和沉积物区域，还必须考虑潜流带的构建与修复。

如图 8.3-1 所示，水下潜流带构建主要是通过调整一些设计参数，以达到改善潜流交换的目的，比如设置深潭、圆木坝、弯道等项目提高地貌稳定性，改变河流湖泊局部形态，在河道内形成斜坡或回水区，增大地表水与地下水之间的水力梯度，促进潜流交换；在局部河段水陆交错带种植苦草、水龙、水禾等挺水植物和沉水植物形成植被缓冲带，投放底栖动物，提高河道碳氮去除能力和颗粒物沉降速率，实现水质改善以及透明度增加；针对河流缓冲区退化的湿地基地环境，根据常见的退化基底土壤性状以及基底形态，采用相应的土壤修复技术和基底营造技术，改善土壤结构，恢复水生植物生长立地条件。

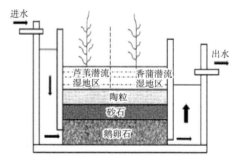

（a）深潭　　　　　　　　（b）潜流带基底和植被改造

图 8.3-1　水下潜流带构造示意图

（4）生物调控与生境保护

在中小型河道中相对较独立、受外界影响较小、河道航运和行洪需求低、水深较为适宜的区域建立水下森林系统，利用种源引入保护、先锋物种种植等植被恢复诱导技术,形成稳定生存和自然繁衍的水生植物群落,为打造水生系统食物链提供生境,提高水生生物多样性。在外源污染得到控制的基础上,通过投放滤食性鱼类和底栖动物等措施开展生物操纵和调控,合理配置水生生物群落,集成食物网重塑与多营养级生物操控技术,恢复水生态系统的稳定性和可持续性(表 8.3-3)。

表 8.3-3　开展生物调控与生境保护的湖荡

序号	湖泊湖荡	序号	湖泊湖荡
1	射阳湖	8	獐狮荡
2	沙村荡	9	九里荡
3	广洋湖	10	东荡
4	大纵湖	11	沙村荡
5	蜈蚣湖	12	花粉荡
6	官垛荡	13	沙沟荡
7	王庄荡		

（5）曝气复氧

曝气复氧技术是指采用人工方式向水体中充入空气或氧气,以提高水体中溶解氧水平的过程,可加速水体复氧过程,恢复和增强水体中好氧微生物的活力,改善水质情况。主要适用于里下河地区遭受好氧有机物污染从而导致水体黑臭的水域以及水产养殖密度大引起水中溶解氧含量显著下降的水域。

主要曝气复氧方式包括纯氧—微孔布气曝气、纯氧—混流增氧、鼓风机—微孔布气管曝气、叶轮吸气推流式曝气以及水下射流曝气等。纯氧—微孔布气曝气采用一种特殊大阻力橡胶微孔布气管,以"曝气垫"形式置于河床,曝气垫强度高、安装方便,充氧效率高(如图 8.3-2 所示);叶轮吸气推流式曝气系统由电动机、传动轴、进气通道和叶轮部件组成,利用旋桨在进气通道造成负压从而吸入空气,随水摄入河水或湖水中(如图 8.3-3 所示);水下曝气是指利用潜水泵将水吸入,经增压从泵体高速推出后,利用装置在出水管道水射器将空气吸入,气—水混合液经水力混合切割后进入水体。

采用跌水曝气、人工充氧的方法向局部污染较严重的水体充入氧气,增加跌水高度,减缓水体流动速度,增加空气与水的接触时间和面积,提高水体中溶解氧的含量,降低有机污染物的浓度,抑制内源氮磷释放,增强水体的自净作用,从而改善受圩区水环境,进而修复水生态系统。

水质提升后的水体,在水体管理维护过程中,应加强水体周边的生活垃圾控制管理,严禁生活垃圾直接入水体。具体落实在以下几方面:

① 加大水质监测的力度和频率,实行全过程的水质监测,及时准确地把握区域水质动态。

② 加强行政监督,完善相关水环境执法监管制度与实施细则,明确管理范围和职责,强化动态监管,对违法排放污水、垃圾任意堆放等行为进行监督管理。

③ 全面贯彻落实"河长制"和"湖长制"相关政策规定,强化"河/湖长制"的巡查体系,确保"河/湖长"守河/湖有责、护水尽责。

气泡

微孔装置

图 8.3-2　微孔曝气过程及装置示意图

图 8.3-3　叶轮吸气推流曝气装置示意图

8.4　水生态空间优化

以水生态系统整体健康维持为目标,提出生物操控、岸线改造、滨岸缓冲带构建、植被恢复与湿地重建等具体措施,形成湖荡水生态修复和调控的"点(生物)→线(岸线)→面(湿地)"空间优化布局,为里下河湖泊湖荡的水生态修复与景观改善规划提供技术支持。

（1）生物调控

在外源污染得到控制的基础上,投放滤食性鱼类鱼种,移植螺、蚌等实施生物操纵和调控,利用水生生物对营养元素的吸收利用及代谢活动,达到从水中除去营养物和污染负荷的目标。根据生物操纵的基本原理和成功经验,在调查了解里下河浮游生物种类、数量和生物量的基础上,按照滤食性鱼类对浮游生物利用的 P/B 系数理论,并依据鱼类种群结构实际情况,测算投放鲢鳙鱼种的比例、规格和数量。基于螺、蚌类对改善水质的作用,按照螺、蚌类的实际过滤能力,投放适当数量的滤食性底栖动物。

对于污染比较严重的河道进行生物修复,利用培育的微生物、植物等,合理配置水生生物群落,创造抗干扰能力强的河道生态环境。在掘荡新开湖区有足够养殖水深的区域实施立体养殖、生态养殖、水产养殖,通过深水生态型养殖减轻养殖对环境产生的生态压力,减少鱼药使用量,提升农副产品品质。根据生态系统结构状态,研究食物网重塑与多营养级生物操控技术,控制生产、消费、分解平衡,维持生态系统稳定。根据水情变化,研发水质水量联合调控技术和管理决策支持系统,控制系统输入输出平衡,实现水生态系统稳定。

① 底栖动物保护

对退圩还湖的湖底地貌进行勘察,根据湖底生态状况,确定难以恢复区、可以修复区、生态正常区。对捕捞底栖水生动物的行为进行专项整治行动,组织底栖水生动物流放,定期监测动物种群结构并加以应对,做到底栖动物资源的开发性保护和可持续利用。结合里下河地区湖泊湖荡底栖生物监测,适当开展增殖放流,保证每年对流域特色土著贝类和虾类,如褶纹冠蚌、背角无齿蚌、圆顶珠蚌等品种的大规格幼贝增殖放流,以维持区域特色种群结构。对土著贝类生活史与繁殖、生长习性开展研究,对其生活环境、共生生物、阶段性宿主生物一并进行目标性保护,从根本上保证底栖动物群落多样性和稳定性。

② 渔业资源保护

目前里下河地区湖泊鱼蟹虾类仍以人工养殖为主,非人工养殖的鱼类及蟹类较为罕见。通过建立射阳湖国家级水产种质资源保护区等,加大对里下河地区保护鱼类(黄颡鱼、塘鳢、黄鳝、青虾、泥鳅、乌鳢)的保护。针对退圩还湖后的湖泊湖荡,进行增殖放流,保护渔业资源及多样性。根据浮游生物丰度、水体富营养化程度、经济鱼类价格等变化因素的情况,每年设计相应放流品种结构和数量规模,最大化地利用天然空间、物质、能量资源。制定和完善鱼类增殖放流规划与模式,规范放流规程与相关保护性措施,推进系统化的鱼类增殖放流管理体系构建。此外,渔业管理部门应加强鱼类群落结构调整与生物多样性保护,加强与环保、水利、科研等相关单位的协同合作,完成由传统的渔业管理向基于生态系统的管理模式的转变,以实现里下河地区湖泊渔业的有序管理和可持续发展。

③ 鸟类资源保护

以兴化里下河国家湿地公园(李中水上森林景区)为建设模板,通过湿地修复和生态岛屿群湿地建设,形成天然湿地环境,为里下河地区国家 I 级保护鸟类东方白鹳和 II 级保护鸟类大天鹅、小天鹅、灰鹤、黄嘴白鹭等提供栖息地,呈现出人与鸟类和谐共处的动人画面。通过合理利用退圩、疏浚等土方平衡方式在湖区内建立远离人类活动区域的生态岛,通过开展"聚泥成岛"项目,解决退圩及湖泊疏浚底泥堆放的问题,也可以有效解决目前里下河湖泊湖荡湿地保护整体工作中鸟类保护相对薄弱的问题。同时,利用坡比较缓的岛屿,可以为底栖动物和鱼类提供优质的生长空间,而丰富的水生动物资源又可以为鸟类提供丰富的食物来源,进一步改善里下河地区的生物多样性。形成退圩、水利疏浚、土方利用和生态保护的多赢局面。

(2)岸线塑造调整

岸线塑造是在保障河道(湖泊)行(蓄)洪安全的前提下对岸线进行规划重塑,适用于两侧岸线过度开发、长期湖泊岸线范围不明、功能界定不清以及缺乏管理依据的湖泊。里下河平原河网地区岸线过度开发利用,湖泊湖荡围圩、养殖污染严重,岸线塑造有利于其岸线资源的科学合理利用和保护,同时对于退圩还湖区域的水生态恢复具有重要意义。

在满足河道功能的前提下,对于某些水体流动比较缓慢的河道,尽可能保持天然河道断面的自然状态,或按复式断面、梯形断面、矩形断面的顺序选择,配合水景观建设,形成多样性河道断面,加大水体含氧量,形成多样化的生物群落。河道形态自然化措施包括:避免线型直线化,宜弯则弯、宽窄结合,以天然石材代替混凝土,用野草和野花代替草坪和整形树,适当构建以草坪、树木组成的生态护岸,创造对生态系统最理想的条件;在有条件的河段,增加一些河湾、浅滩、石群、深潭等半自然化的人工形态,增添自然美感;利用河流形态的多样性来改善生境的多样性,改善生物群落的多样性;构建长距离亲水栈道,供周边居民健身娱乐,形成人水互动的良好局面(如图 8.4-1 所示)。

图 8.4-1 典型湖泊岸线塑造示意图

生态护岸是一种主要以护坡构建和植被恢复为主,减少水土流失,截留污染负荷,改善生物生境的生态工程措施。主要包括网格护坡、木桩护坡、自然植被护坡以及生态石笼护坡等(如图 8.4-2 所示），一般适用于防洪要求不高的水域。各自技术内容、适用性及生态功能（表 8.4-1）如下。

① 网格护坡：由砖、石、混凝土砌块、现浇混凝土等材料形成网格，在网格中栽植植物，形成网格与植物综合防护系统，既起到护坡作用，同时能恢复植被、保护环境。在岸边间隔一定的距离建设亲水平台或台阶，促进人与水的互动，营造人水相亲的新局面。适用于流速大的湖岸，可采用缓坡式护岸。

② 木桩护坡：把水和河道与堤防、河畔植被连成一体，构成一个完整的河流生态系统。木材可以选用落叶松圆木桩。集防洪效应、生态效应、景观效应和自净效应于一体，适用于水动力较强、坡度较陡、边坡不稳定的湖岸。

③ 自然植被护坡：采用植生、土工材料或生态预制块型护岸，辅以滨岸带绿化工程，可形成湖区沿岸带的"绿色走廊"。具有减弱雨水对坡面的侵蚀、防止水土流失、截留净化污染物、改善生态环境以及景观效果等功能。建议增种适应当地水土条件的植被来保持其自然护坡形式。岸边选栽的植物以当地常见的木本植物为主，充分体现该地区的特色，可以是柳树、樟树、茶花、桂花、蔷薇、马兰、菖蒲、芦竹、窃衣等。有些植物耐水，成活率高；有的根部舒展且致密，能压稳岸边；有的枝条柔韧、顺应水流、保护河岸的能力强，且景观效果好。可以考虑保留为自然植被护岸，从而保持生态系统的完整性。适用于水动力弱，水深浅的湖泊。

④ 生态石笼护坡：生态石笼护坡具有透水性、自排性、适应变形能力强、整体性好、耐久性好、抗冲刷以及生态适宜性等优点，能够很好地维护坡岸的稳定，维持河道的生态功能。可采用抛石、堆石或石笼型生态护岸，网笼结构可提供动植物生长的基础，维护自然生态环境，与周围景观相协调，满足生态型河道的要求。生态石笼护坡对坡度要求较高，适用于汛期冲刷比较严重或者重要景观节点的湖岸。

（a）网格护坡

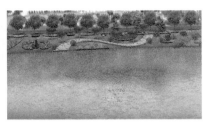
（b）木桩护坡

（c）自然植被护坡

（d）石笼护坡

图 8.4-2　四种生态护坡措施的效果图

表 8.4-1　四种典型生态护坡的生态功能

类型	生态功能
网格护坡	网格中栽植植物,形成网格与植物综合防护系统,既起到护坡作用,同时能恢复植被、保护环境
木桩护坡	集防洪效应、生态效应、景观效应和自净效应于一体,把水和河道与堤防、河畔植被连成一体,构成一个完整的河流生态系统
自然植被护坡	具有减弱雨水对坡面的侵蚀、防止水土流失、截留净化污染物、改善生态环境以及景观效果等功能
生态石笼护坡	抗冲刷性、透水性、整体性、生态适宜性好,能够很好地维护坡岸的稳定,与周围景观相协调,满足生态型河道要求

（3）滨岸缓冲带

滨岸缓冲带即在湖泊滨岸浅水区域种植一定宽度的各类植被,具有截留雨水、防止雨水径流侵蚀、固定土壤的水土保持功能,同时增加植被覆盖可以净化水质,有利于增加生物多样性、改善生物生境。滨岸缓冲带主要适用于水浅、流速小、农业污染入湖严重的湖泊,可拦截过滤来自农田的有机质、杀虫剂等有害污染物。按照湖泊滨岸带类型可分为:滩地缓坡型、农田型、鱼塘型。

滩地缓坡型湖滨带现状地势平缓,原有湖滨带生态系统仍有保留,但人为干扰造成其生态退化。该类型湖滨带生态修复重点考虑生物多样性保护功能,一般按陆生生态系统向水生生态系统逐渐过渡的完全演替系列设计,植被类型包括乔灌草带、挺水植物带、浮叶植物带、沉水植物带四带(如图8.4-3所示)。湖滨大型底栖动物、鱼类退化严重的区域,可在沉水植物带增加大型底栖动物和鱼类的栖息地的设计。根据水位高程及其变化设计植物带。水位变幅小的湖泊,陆生乔木带设计在最高水位线以上,湿生乔木和挺水植物设计在常水位1m水深以内的区域,浮叶植物设计在常水位0~2m水深的区域,沉水植物设计在常水位0.5~3m水深的区域。水位变幅大的湖泊湖滨带植被应充分参考湖泊植被的历史状况及现状的季节性变化,并以湿生草本植物带自然恢复为主。

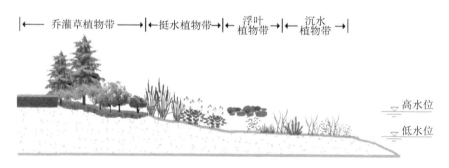

图8.4-3 滩地缓坡型滨岸植被缓冲带布置示意图

农田型湖滨带现状受农田侵占,地形地貌受到一定的破坏。退田后在湖滨带外围一般仍存在大量农田。农田型湖滨带以农田径流水质净化功能为主,植物配置中应采用根系发达的大型乔木净化农田区浅层地下径流;在基底修复中应加固原有农田外围的护岸设施维持基底的稳定性。由于护岸工程对浮叶带植物生长影响大，植物配置中也可设计成浮叶带缺失的不完全演替系列（如图 8.4-4 所示）。

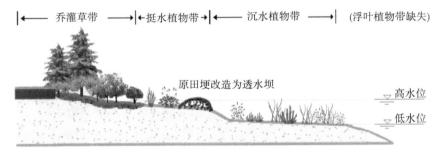

图 8.4-4　农田型滨岸植被缓冲带布置示意图

鱼塘型湖滨带现状为大面积鱼塘，湖滨水质恶化、生态系统受损。鱼塘型湖滨带一般修复为多塘湿地，基底修复是将鱼塘塘埂拆除至水面以下而仅保留塘基，上部石料与塘埂内的土料混合后，就地抛填在塘埂两侧形成斜坡；水面以下部分应每间隔一定距离将塘基清除，使塘内外土层沟通，塘基呈散落状分布，同时覆土覆盖鱼塘污染底泥。针对底质污染较重、底泥较厚的鱼塘，应对污染底泥先进行清淤，再拆除塘基，防止退塘时淤泥再悬浮污染湖泊水质。植物修复根据各鱼塘水深、水位波动种植挺水、浮叶、沉水植物等（如图 8.4-5 所示）。

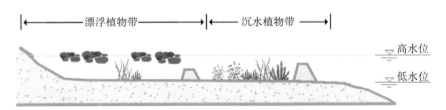

图 8.4-5　鱼塘型滨岸植被缓冲带布置示意图

（4）弃土区生态修复

结合退圩还湖工程产生的弃土，针对弃土区重点开展弃土改良、微地形塑造、生态护岸设置、植物景观营造等一系列生态修复措施。构建集生态性、景观性和功能性于一体的生态弃土区，实现弃土区域生态系统良性循环。同时，通过利用弃土加固提高围堤，在湖中造岛，可增加湖荡地区建设用地，与周边原生态村庄进行资源整合，建设旅游休闲景点，展示水乡湿地风貌，走景观生态的创新发展之路（如图 8.4-6 所示）。

（a）弃土改良肥　　　　　　　　　（b）湖心岛构建

图 8.4-6　弃土资源化利用

（5）植被恢复与湿地重建

生境恢复工程是指根据动植物生长环境的不同，为水陆交界植物群落构建水生动植物生境条件。生境恢复工程应尽量选择当地的物种，也可以配置少量非本地的观赏物种，但应选取能适应本地气候、土壤条件的种类。在控制入河河流污染负荷的同时，开展湖荡浅水区植被恢复及湿地重建，配合生境改善修复技术，为水生植被的恢复和径流负荷的削减创造必要条件。利用种源引入保护、先锋物种种植等植被恢复诱导技术，形成稳定生存和自然繁衍的水生植物群落。

基于目前里下河地区湖泊湖荡面临生态功能丧失、景观斑块破碎化程度较大及生物多样性较差的问题，应当开展湖泊湖荡的生境恢复,恢复生境的多样性。生境恢复工程是指根据动植物生长环境的不同,为水陆交界植物群落构建水生动植物生境条件。生境恢复工程应尽量选择当地的物种,也可以配置少量非本地的观赏物种,但应选取能适应本地气候、土壤条件的种类。水生植物主要分为沉水植物、浮水植物和挺水植物三类。

挺水植物不仅可以提升水域滨岸带景观,还可以有效截流地面径流中泥沙等悬浮物,吸收营养物质,减少其对水体的影响,以及为各种动物提供良好的栖息地和食物,维持栖息其间的动植物群落,合理利用湿地系统,尽可能发挥滨岸带的净化能力。但是,过度繁殖茂盛的滨岸带植物也会带来负面影响,大量的根生植物及附着的藻类、秋冬季的衰落枝叶等腐烂后会产生大量的有机物,进入水体而成为污染源,影响水体水质,甚至会加剧水体富营养化。因此,在使用滨岸植物带的过程中,需要重视系统的维护和管理。

沉水植物是维持水体生态系统稳定与生态多样性的基础,是浅水水体生态修复的关键与核心。它不但能构建优美的水下森林景观,而且是实现从浊水态到清水态转变的关键物种。沉水植物能够高效地吸收氮磷等物质;光合作用强,能够产生大量的原生氧,可长久保持水体高溶氧状态;能改变水体氮磷营养盐循环模式,抑制底泥再悬浮及氮磷营养盐释放,促进氮的硝化/反硝化作用及磷的沉降,能够有效净化水质和抑制藻类生长。它能为浮游动物提供避难所,从而增强生态系统对浮游植物的控制和系统的自净能力。

浮水植物形成的湿地系统不但对水质净化有着良好的作用,还能为多种生物提供食物和栖息地,同时搭配周边景观,配合各种驳岸类型;而且对暴雨冲刷还具有拦截作用,可阻截外源污染;更能增添水体景观效果,提升水域景观品质,符合打造生态水景的意境。

根据《泰州市养殖水域滩涂规划(2018—2030年)》《兴化市养殖水域滩涂规划(2018—2030年)》《建湖县养殖水域滩涂规划(2018—2030年)》《2015—2016年度大纵湖水生态监测总结报告》以及《2015—2016年度射阳湖水生态监测总结报告》,唐术虞

（1993）、翁松干（2017）的相关研究，里下河地区湖泊湖适宜的主要水生生物如下。

① 挺水植物

根据里下河地区湖泊湖荡相关水生高等植物调查，目前里下河地区的挺水植物包括：荷花、香蒲、水葱、茭草、芦苇、菖蒲、千屈菜等，其适宜水深见表 8.4-2。

表 8.4-2 里下河地区挺水植物及其适宜水深

编号	名称	图片	适宜水深	适宜温度
1	荷花		栽种时 10~15 cm，之后 40~120 cm	20~35 ℃
2	香蒲		初栽时期 3~5 cm，旺盛生长期 10~15 cm	15~30 ℃
3	水葱		初期 10~15 cm，栽种后 20~30 cm	15~30 ℃
4	茭草		10~20 cm，栽种 5~7 cm，旺盛期 20~25 cm	15~30 ℃
5	芦苇		分株及扦插栽种后灌浅水养护至萌发新梢，后深水正常管理	20~30 ℃

编号	名称	图片	适宜水深	适宜温度
6	菖蒲		分株、生长期、休眠期均可。初期 5～7 cm，维护水位 10～15 cm	15～25 ℃
7	千屈菜		适宜水深为 30～40 cm	20～30 ℃

② 沉水植物

里下河地区的沉水植物包括：苦草、轮叶黑藻、金鱼藻、马来眼子菜、菹草、狐尾藻等，其适宜水深见表 8.4-3。

表 8.4-3　里下河地区沉水植物及其适宜水深

编号	名称	图片	适宜水深	适宜温度
1	苦草		撒播种子培育苦草，水域水深宜在 3～10 cm；移栽根茎培植，水深不宜超过 1 m	25～30 ℃
2	轮叶黑藻		水深为 0.6 m 或 1.0 m 时，小范围的波动（0.1～0.3 m）会促进黑藻的生长，水位波动太大则不利于轮叶黑藻的生长	25～30 ℃

编号	名称	图片	适宜水深	适宜温度
3	金鱼藻		常生于 1～3 m 深的水域中	适温性较广，在水温低至 4℃时也能生长良好
4	马来眼子菜		马来眼子菜的最佳生长深度是 0.6～1.2 m	20～30 ℃的范围内快速生长
5	菹草		需要获得足够的光照与生长空间，水深可达到 2.5～3 m	13～22 ℃，低于 4℃或高于 26 ℃均不萌发
6	狐尾藻		种植水体最好有一定的流动性	在 26～30℃的温度范围内生长良好，越冬温度不宜低于 5℃

③ 浮水植物

里下河地区的浮水植物包括：睡莲、荇菜、水鳖、芡实等，其适宜水深见表 8.4-4。

表 8.4-4 浮水植物适宜水深

编号	名称	图片	适宜水深	适宜温度
1	睡莲		置于温暖而阳光充足的地方,出芽后浸入水中,随叶柄不断伸长并逐渐提高水面,水深不得超过 1 m	15 ~ 32℃,低于 12℃时停止生长
2	荇菜		荇菜在水池中种植,水深以 40 cm 左右较为合适	荇菜喜欢温暖一点的环境,耐寒性质不高,正常适宜生长温度是在 20℃左右,所以最好将温度控制在 10℃ 以上,防止冻伤
3	水鳖		须根长达 30cm,水深宜 30~50 cm	适应性强,喜热耐寒,喜光耐阴
4	芡实		适宜水深为 30~90 cm	20~30℃,温度低于 15℃时果实不能成熟

水生植物的栽种水深一般宜满足下列要求:① 水深>110 cm 时,除部分荷花品种外,不适宜其他挺水植物布置;② 水深 80~110 cm 时,适宜布置的植物有荷花等;③ 水深 50~80 cm 时,适宜布置的植物有芦苇、香蒲、水葱等;④ 水深 20~50 cm 时,适宜布置的植物有芦苇、香蒲、水葱、黄菖蒲、旱伞草、梭鱼草等;⑤ 水深<20 cm 时,适宜生长的植物较多,除上述植物外还有千屈菜、薏苡等。具体见图 8.4-7 和图 8.4-8。

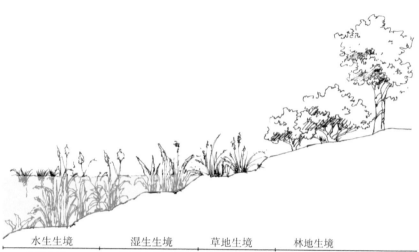

水生生境	湿生生境	草地生境	林地生境
改善水质 促进植物多样性	改善水质 缓冲河道冲刷	水土保持 缓冲生态链接	生态防护屏障 减弱噪音，净化空气 为湿地动物提供栖息场所
主要分为小面积景观水体、盐水体和沼泽水体。主要的植物种类有黑藻、金鱼藻、狐尾藻、荷花、睡莲、芦苇、千屈菜等。	主要分为自然生态和观赏两种类型。主要的种类选择有黄花鸢尾、芦苇、千屈菜、花叶芦竹、再力花、水葱、狼尾草、马蔺、美人蕉等。	主要分为滨水草地，草坪草地和林下草地。主要植物选择有二月兰、狼尾草、狗尾草、细叶麦冬、山麦冬等。	主要分为隔离林带、观赏林带。主要分为春夏季观花植物，秋季观叶观果植物，例如榆叶梅、迎春、连翘、紫薇、银杏等。

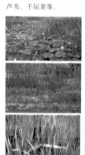

水生生境　　　　滨水生境　　　　草地生境　　　　林地生境

图 8.4-7　不同生境修复

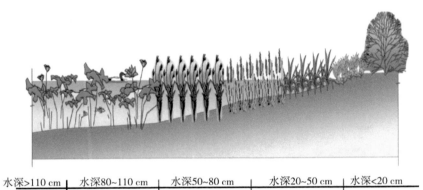

水深>110 cm | 水深80~110 cm | 水深50~80 cm | 水深20~50 cm | 水深<20 cm

图 8.4-8   湖岸水生植物栽种对水深要求的示意图

第九章

湖泊湖荡水生态环境监测能力建设

9.1 湖泊湖荡水质水生态监测现状及存在问题

截至 2018 年,里下河腹部地区水质监测站点共 145 个(如图 9.1-1 所示),主要分布在各个水系的河道断面上,部分区域站点数量较为密集;由于缺乏针对里下河区域的湖泊湖荡以及入湖和出湖河流断面的水质监测站点布设监测,难以获得湖泊湖荡的水质数据;同时里下河区域湖泊湖荡严重缺乏针对水生态的监测站点。在围圩、养殖严重、生境破坏加剧以及生物多样性降低等导致的水生态系统健康较差的背景下,亟需开展湖泊湖荡的水生态状况监测,从而客观了解区域的水生态系统状况,指导区域的生态治理和保护。

9.2 监测内容与站网规划

(1)基本原则

结合里下河地区湖泊湖荡退圩还湖规划以及湖泊水功能区划,进行湖泊湖荡水质水生态监测站网规划布设。站网布设主要原则如下:

① 全面覆盖原则,即监测站点应分布到里下河地区各个湖区。

② 重点突出原则,即主要的出入湖河口、养殖区、水源保护地等均应设置站点。

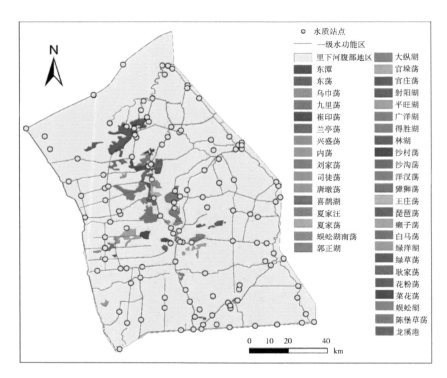

图 9.1-1　里下河腹部地区水质监测站点分布

③ 经济性原则，即从实际出发，结合湖区地形轮廓、养殖分布、以及主要出入湖河流情况等，确定合理的监测点数量，做到既满足湖泊水生态环境基本分析与评价需要，又经济、可操作。

根据上述原则，确定里下河地区湖泊湖荡监测站点位置，主要监测内容包括水质水生态监测指标、监测采用方式以及监测频次等。

（2）监测内容

① 监测指标

依据《地表水和污水监测技术规范》和《湖泊水生态监测规范》，里下河湖泊湖荡必测水质水生态监测指标分为必测项目与选测项目，选测指标根据相关政府管理部门要求并结合当地产业类型与布局合理选取(表 9.2-1)。

表 9.2-1　里下河湖泊湖荡水质水生态监测指标

		必测项目	选测项目
水质监测指标	湖泊	水温、pH 值、溶解氧、高锰酸盐指数、化学需氧量、BOD₅、氨氮、总磷、总氮、铜、锌、氟化物、硒、砷、汞、镉、铬(六价)、铅、氰化物、挥发酚、石油类、阴离子表面活性剂、硫化物和粪大肠菌群	总有机碳、甲基汞、硝酸盐、亚硝酸盐,其他项目根据纳污情况由各级相关环境保护主管部门确定。
水生态监测指标	湖泊形态	湖泊范围、圈圩面积、围网面积、自由水面率	岸线长度、水下地形
	水体理化	水深、水温、透明度、浊度、pH 值、电导率、溶解氧、悬浮物、总氮、总磷、高锰酸盐指数、叶绿素 a	亚硝酸盐氮、五日生化需氧量、氨氮、硝酸盐氮、钙离子、镁离子、钠离子、钾离子、硫酸盐、氯化物、氟化物、碱度、二氧化硅、总有机碳、铜、锌、铅、镉、镍、六价铬、汞、砷
	沉积物理化	总氮、总磷	氧化还原电位、粒径、铜、锌、铅、镉、镍、总铬、汞、砷
	水生生物 浮游植物	种类组成、数量、生物量	—
	浮游动物	种类组成、数量、生物量	—
	底栖动物	种类组成、数量、生物量	—
	高等水生植物	种类组成、盖度、生物量	—
	鱼类	种类组成、渔获物	鱼类年龄、性别、生长、投放量、捕捞量

② 监测方式

水质监测站点以固定监测和巡测为主,酌情考虑自动监测站建设,部分指标可现场检测,无法现场检测指标采样后送实验室检测。水生态监测站点采用人工采样,然后将样品送实验室检测;对于湖泊湖荡动物、鸟类监测,可采用视频摄像等手段;对于湖泊漂浮污染物监测以及生态空间监测可采用无人机等手段。

③ 监测频次

水质监测站点采用固定监测或巡测时,每月进行 1 次监测,部分监测指标现场检测记录,其余指标送实验室检测,每周一上报上周监测结果。水生态监测至少每月采样监测 1 次,采样时间根据具体情况选定。若遇突发性水污染事故,尤其是有毒有害化学品的泄露,根据规范要求及时采取事故现场监测和跟踪监测。

④ 样品的采集与分析

水质指标样品的采集与分析方法采用《水质样品的保存和管理技术规定》(HJ 493—2009)。水生高等植物、浮游植物、浮游动物和底栖动物样品的采集与分析方法参考《水库渔业资源调查规范》(SL 167—1996)。

(3)站网规划

针对里下河地区湖泊湖荡水质水生态监测站点布设存在的问题,根据《地表水和污水监测技术规范》以及《湖泊水生态监测规范》(DB 32/T 3202—2017),在湖泊湖荡入流和出流河道布置相应水质监测断面;对受污染物影响较大的重要湖泊,在污染物主要输送路线上设置水质监测断面。同时,由于里下河湖泊湖荡形状不规则,故在湖区采用设置监测垂线的方式进行水质水生态监测,湖泊湖荡平均水深约 1 m,无须考虑分层现象,在水面以下 0.5 m 布设样点;对于湖区的不同功能区水域,按水体类别设置监测垂线;对于集中式饮用水水源地,加大监测站点布设密度。保证每个湖泊湖荡至少有一个监测点位,对于面积超过 30 km² 的湖泊按其面积大小适当布设多个站点,共布设 45 个监测点。监测站点布设情况如图 9.2-1 所示。

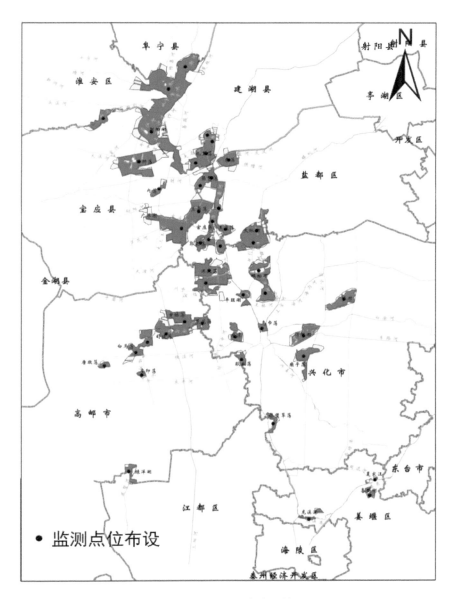

● 监测点位布设

图 9.2-1 监测站点布设情况

9.3 监测能力建设

以里下河地区水域水质水生态管理、功能区管理以及突发性水污染事件应急处置为契机,大力开展水质监测能力建设、信息化建设和实验室管理制度建设,逐步形成完整的水质监测体系,为水资源保护和管理提供重要基础支撑和优质服务。

（1）基础监测设施建设

加强实验室基础设施建设,在不断提高常规监测手段的同时持续引进新技术,采用现代化的监测仪器与监测方法,固定监测、移动监测、自动监测相结合,提高监测精度、快速反应能力。

（2）监测管理机制建设

完善里下河区域监测管理机制,建成区域与流域间、流域与水利部之间的信息传输网络,确保资源共享、信息畅通。建立里下河水系内水环境监测和水污染联防协作机制,明确水系内监测中心的管理协调职能,明确信息传递程序,建立相关信息交流机制与制度。加强水质水生态监测法规建设,规范水质水生态监测、评价、信息发布等行为,里下河区域有关部门尽快制订有关水质水生态监测管理、评价、信息发布等一系列工作管理办法,提高监测质量管理水平,确保水质数据的准确性、公正性、权威性,严格落实各项质量控制措施,严把监测数据质量关。

（3）突发水污染事件应急监测能力建设

联合流域管理机构与水行政主管部门以及气象主管机构等,建立统一的里下河流域监测信息共享平台,建设里下河湖泊湖荡及主要输水通道突发水污染应急预警系统,对突发水污染环境事件进行预报预警。突发水污染事件发生以后,根据相关法规立即采取处理措施,及时启用应急备用水源或者应急调水方案,通报可能受到危害的单位和居民,并向环境保护主管部门和有关部门报告。做好受灾人员安置和补偿工作,事后组织相关专家对受灾范围、程度进行科学评估,制定污染物收集、清理与处理程序,并给出受灾区生态修复措施建议。

（4）监测人员业务培训

加强水质监测技术人员业务技术培训,多举办针对重大突发性水污染事件应急调查、监测和大型仪器上岗人员的培训班,培训监测管理人员,提高现有监测队伍应急调查、监测的技术水平。

9.4　监测体制

鉴于我国长期以来监测体制建设的局限带来的监测市场混乱、职能交叉、重复监测、信息混乱、资源浪费、行政干预以及数据遭疑等问题,加强改善水质水生态监测体制的建设对里下河地区湖泊湖荡管理修复具有重要意义。

（1）监测机构垂直管理

实施垂直管理,由江苏省统筹规划和管理,打破里下河地区的行政区划与条块分割,有利于监测网络统一设置和管理,使资金、设备、人员都能够发挥作用,政令畅通,全面提升协同、协调和整体工作。完善有关法律法规,保证监测数据的合理性与准确性,有效减少错误监测数据的传播,组织有关人员对各项监测数据进行核实。

（2）调整监测部门职能

适当适时调整监测部门职能,将公益性监测与委托性监测区分开来,监督性监测和污染源日常监测区分开来。根据环境管理要求对违法排污机构开展监督性监测,为水污染投诉、污染纠纷处理实施仲裁监测,对第三方检测机构实行严格管理和考核,保证检测质量。

（3）整合社会监测资源

避免利益驱动下的水利、水产、农业、气象等部门对里下河区域开展的重复性监测工作,导致资金、设备以及技术人员的极大浪费。从顶层设计出发,严格划分职能部门,积极整合有关部门现有监测相关的人、财、物等资源,使水质水生态监测一个渠道,对外一个声音,保证数据真实性与可靠性。

第十章

湖泊湖荡生态修复典型工程概念设计

10.1 典型湖泊湖荡选择

根据生态功能区划和现状湖泊的问题分析，选择具有生态修复代表性、针对性或迫切性的湖泊，开展生态修复典型工程设计，具体详见表10.1-1。

表 10.1-1　典型湖泊湖荡选取

湖泊	归属地	选择依据
射阳湖	淮安区、宝应县、建湖县	里下河腹部地区湖泊湖荡中最大的一个湖泊，退圩还湖后形成水面 113.516 km²，经过治理后河湖连通一体，水位同涨同落，具有防洪、供水、生态服务等多种功能
大纵湖、蜈蚣湖	兴化市	大纵湖是现状自由水面最大的湖泊，湿地景观和配套设施良好，盐都区大纵湖是国家 4A 级旅游景区。借助于"千岛菜花"的知名度，整合周边湖泊河荡资源，形成一个完整的生境斑块
獐狮荡	宝应县	现状水质为劣 V 类，综合营养状态评价为重度营养化，是 39 个湖泊湖荡中水质相对较差的
夏家汪	姜堰区	泰东河畔，紧靠江苏省国家湿地公园、国家 5A 级旅游景区，周边资源优越
东荡	建湖县、盐都区	处在盐城市规划水上旅游路线中的重要节点位置，西北部处在西塘河重要湿地内

湖泊	归属地	选择依据
洋汊荡	高邮市、兴化市	是原国家林业局批复的 134 处湿地开展国家湿地公园试点中的一处。目前正在进行退圩还湖施工
广洋湖	宝应县、兴化市	处于宝应县城市总体规划中的有机农业为主的东部片区,是腹部地区湖泊湖荡中仅有的有江苏省生态红线划定的有机农业产业区
官垛荡	高邮市	高邮市里下河地区最大的湖荡,处于高邮市总体规划的湿地保育区中的核心位置

根据水质保护与水生态修复工程总体布局和重点措施,兼顾当地的需求,确定每个湖泊的工程定位,基本情况见表 10.1-2。

表 10.1-2　典型工程设计湖泊基本情况

湖泊	归属地	工程定位
射阳湖	淮安区、宝应县、建湖县	国家生态保护红线内的湿地修复工程、构建鸟类栖息地
大纵湖、蜈蚣湖	兴化市	生态景观工程:大纵湖(水情教育基地);蜈蚣湖(休闲游憩,兼顾水文化、水生态科普)
獐狮荡	宝应县	农业污染的水质净化工程
夏家汪	姜堰区	兼顾水乡休闲旅游的湿地修复工程
东荡	建湖县、盐都区	生物多样性保护兼顾水上旅游
洋汊荡	高邮市、兴化市	水源地的水质净化工程
广洋湖	宝应县、兴化市	生态农业工程,种植荷藕、鸡头米、金银花、金鸡菊、伊乐藻(鱼饲料)等经济作物
官垛荡	高邮市	生物多样性保护兼顾生态养殖

具体工程位置选址如图 10.1-1 所示。

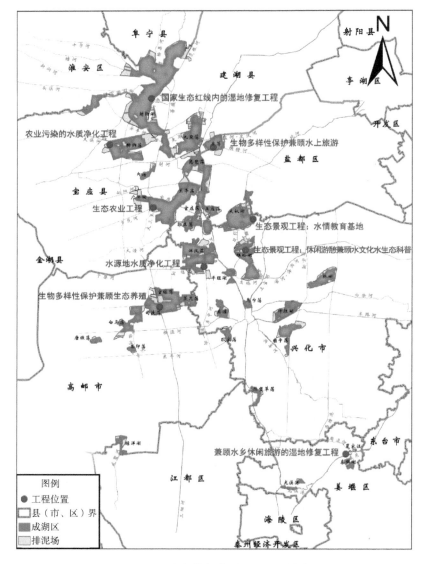

图 10.1-1　生态修复典型工程位置分布图

10.2　湿地修复典型工程

（1）射阳湖——国家生态保护红线内的湿地修复工程

根据江苏省人民政府印发的《江苏省生态空间管控区域规划》（苏政发〔2020〕1号），生态管控区域范围内有马家荡重要湿地，宝应射阳湖重要湿地，国家生态保护红线范围内有九龙口国家湿地公园（试点）；从现场调研了解到射阳湖九龙口风景区每年退圩还湖面积大约4 000亩，退出来的土地用于湿地生态修复工程建设，因此，典型工程范围选取在九龙口国家湿地公园（试点）内的退出来的区域范围内。九龙口国家湿地公园如图10.2-1所示。

图10.2-1　九龙口国家湿地公园

湿地生态修复工程可结合九龙口国家湿地公园内的退圩还湖规划进行：① 营造蜿蜒曲折的湖泊湿地岸线，岸线发育系数越高，湖湾越发育、数量越多，而湖湾是鱼类和水禽的适宜栖息地。② 营造多种地貌单元组成的复杂湿地横断面。不但提供了丰富多样的栖息地，而且形成了随季节变化的空间多层次的自然景观，使湿地四季色彩变化，充满自然活力。③ 营造蜿蜒性的河道，既可连接景观斑块，也能够展现蜿蜒曲线的自然之美,符合目前风景区打造的整体格局布置。④ 营造鸟类栖息地,根据现场调研,射阳湖区的鸟类分为候鸟和留鸟,种类有白琵鹭、震旦雅雀、白腰文鸟、东方白鹳等,目前九龙口风景区鸟类观测站正在建设中,已建设好的鸟类栖息地已呈现出生物多样性的特征。湖中岛屿建成后作为生态核心区,仅作景观用途,不建设码头、道路等基础设施,可配合观测站的建设种植一些候鸟喜欢的栖息树木,比如水杉、柏树、桃树、樱桃等,其中果树还可为候鸟提供食源;水域一侧不要种高大乔木,保证鸟类的飞翔空间和大型鸟类的起降距离。对于游禽栖息地,尽量营造深水区域,平均水深0.8~1.2 m,供游禽类栖息;堤岸为缓坡,栽植芦苇和灌木丛,另保留一部分裸露滩涂,水面中心可设置安全岛,提供隐蔽的繁殖与栖息场所,安全岛保留滩涂和种植水生植物。营造浅水区,吸引涉禽类在此栖息,浅水区可栽植荷花、菱角等水生植物(如图 10.2-2 所示)。

图 10.2-2　栖息岛示意图

(2) 夏家汪——兼顾水乡休闲旅游的湿地修复工程

夏家汪位于姜堰区北部,紧靠泰东河,涉及溱潼镇和兴泰镇 2 个乡镇,湖区一部分处在溱湖分景区内,其中溱湖国家湿地公园位于溱潼镇区的中东部,是由原国家林业局批准设立的江苏首家国家湿地公园,2012 年 3 月 31 日被评为国家 5A 级旅游景区。本次夏家汪湿地修复工程在盐靖公路和苏陈河交叉处,面积约 11.2 hm^2。依托溱湖优良的湿地生态环境,以里下河文化为主题,以"一湖(喜鹊湖)一镇(溱潼镇)一城(华侨城)"为核心,有机整合资源,创新性地开发旅游产品,突出"溱湖古邑,湿地人家"的主题形象,创造以"湿地"为核心的水乡文化,开拓休闲体验式旅游新空间,不断优化景区环境,完善配套设施与旅游功能。

采取的主要措施有湿地自然景观营造(营造蜿蜒曲折的湖泊湿地岸线、营造多种地貌单元组成的复杂湿地横断面、场地标高调整、基地改造),四季变化的植被营造,并兼顾水乡休闲旅游(如图10.2-3 所示)。

图 10.2-3　夏家汪湿地修复示意图(兼顾水乡休闲旅游)

10.3　水质净化典型工程

(1) 洋汊荡——水源地水质净化工程

洋汊荡位于兴化市西北部,与扬州市高邮交界,在兴化境内属于千垛镇、沙沟镇 2 个乡镇,保护面积 62 595 亩,根据《里下河湖泊湖荡(兴化市域)退圩还湖专项规划》和《国家林业局关于同意天津蓟县州河等 134 处湿地开展国家湿地公园试点工作的通知》（林湿发〔2016〕193 号），兴化市决定启动洋汊荡退圩还湖一期工程，一期工程范围约 4 万亩，主要涉及 17 个自然村和镇养殖场。湿地公园面积19 572 亩，规划分湿地保育区、恢复重建区、宣教展示区、合理利用区 4 个功能区，目前还未实施。

现状洋汊荡水质为Ⅳ～Ⅴ类，并轻度富营养化，洋汊荡处有兴化市下官河缸顾水源地，在缸顾饮用水水源保护区内。根据江苏省人民政府印发的《江苏省生态空间管控区域规划》（苏政发〔2020〕1号），洋汊荡在生态空间管控区域范围内，结合退圩还湖工程，典型工程范围选取在湿地公园的湿地保育区内，靠近李中水上森林处，建立水源地取水口净化区，主要目的是确保进水水质的安全，提高水质质量。特别在夏季高温季节，藻类容易暴发，形成藻类聚集，影响到水质的稳定；另外在大风天气，水体的搅动会引起水体底部污染的悬浮，会在短时间内影响水质安全，取水口净化区构建是为了降低水质不稳定的风险。

水源地水质净化工程主要包括三个子工程：湿地工程、生态滤网净化工程、太阳能水循环复氧控藻和生态系统改善工程。

① 多塘湿地工程

洋汊荡现状基本是养殖，湖滨带水质较差，生态系统受损，修复采用多塘湿地工程，基底修复将鱼塘塘埂拆除至水面以下仅保留塘基，上部石料与塘埂内的土料混合后，就地抛填在塘埂两侧形成斜坡；水面以下部分每间隔一定距离将塘基清除，使塘内外土层沟通，塘基呈散落分布，同时覆土覆盖鱼塘污染底泥。针对底质污染较重、底泥较厚的鱼塘，对污染底泥先进行清淤，再拆除塘基，防止退塘时淤泥再悬浮污染湖泊水质。植物修复根据各鱼塘水深、水位波动种植挺水、浮叶、沉水植物等（如图 10.3-1 所示）。

② 生态滤网净化工程

在取水口水流通道设置生态滤网，控制外源污染在库区内扩散。具体方法：沿入库水流的垂直方向布置多道小网目的渔网，随时间增

图 10.3-1 洋汉荡水上森林和湿地净化示意图

加，渔网上会吸附多种附着生物与有益微生物，形成"生态滤网"；利用生态滤网上附着藻类吸收水体中氮磷等营养盐，利用形成微生物环境促进污染物的降解、转化，同时由于生态滤网阻水作用与合理布置，增加了水的滞留时间，促进了悬浮物质的沉降，使进入水库的富含氮磷等污染物的悬浮物质集中沉积在进水口附近，通过清淤等措施可以较容易地将其去除（如图 10.3-2 所示）。

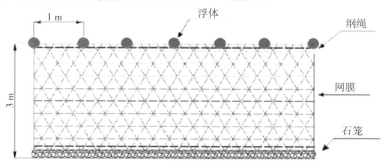

图 10.3-2 生态滤网结构示意图

③ 太阳能水循环复氧控藻和生态系统改善工程

洋汉荡属平原性水源地，水动力微弱，水体的自净能力和自复氧能力差,加上外来污染负荷较大,富营养化程度高,蓝藻水华爆发的风险高。如图 10.3-3 所示,该太阳能水循环复氧控藻和生态系统改善工程在湿地保育区及外围主要水通道均匀地布设太阳能水生态修复设备。这些设备不光通过循环复氧提高水体自净能力,降解富营养化,还通过水循环与两侧生态坡岸及水生植物区的优质水进行交换,增强两侧水生植物区的吸附能力和营养盐的去除率。

图 10.3-3　太阳能水生态修复系统示意图

(2) 獐狮荡——农业污染的水质净化工程

根据《宝应县城市总体规划(2010—2030)》,宝应县区域功能定位为扬州新兴的现代化工贸城市,具有里下河地区景观特色的生态文明城市和江苏省重要的高效农业生产加工基地。《宝应县旅游发展总体规划(2017—2030)》中指出,宝应县建设用地布局应强化氾水、曹甸 2 个全国重点镇和射阳湖镇省级重点镇地位,着力培育柳堡镇,构建一轴五片的城乡发展体系。獐狮荡处在东部片区内的射阳湖镇荷园旅游区和香榭丽玫瑰园处,荷园属于江苏省四星级乡村旅游区,区内设有《小小新四军》电影拍摄场地、二妹子大舞台、荷花观赏区、农趣岛、湖心茶坊、垂钓中心、儿童乐园、水上游乐场等,正在推进景观优化升级;獐狮荡 COD、TP、TN、NH_3-N 水质现状均为劣 V 类,DO 为 IV 类,综合营养状态评价为重度富营养,可结合荷园景观优化升级对荡区的水质和富营养化进行处理。

截头去尾,自然做工:面对农业和镇区的面源污染采取预留净化坑塘进行源头控制,缓冲带预留受纳水体植被拦截污染物两道防线滞留截污。净化坑塘深度控制在 1~1.5 m,距离农业面源污染的距离不大于 3 m,距离城镇区不大于 20 m,可有效解决面源污染问题。另外,在农业区和湖区、镇区和湖区之间利用省道 264 做设置防护林,宽度设置在 100~150 m,缓冲带种植水杉林等经济林带,在林带内设置多道生态沟,沟内种植有净化水质功能的植被,植被可有效截留泥沙、营养盐物质。生态沟不仅起到了净化初期雨水和截留面源污染物的功能,还起到了涵养水源的作用,保证了林带的水源供给(如图 10.3-4 所示)。

图 10.3-4　獐狮荡滨岸带生态治理示意图

10.4　生态景观典型工程

（1）大纵湖生态景观工程

大纵湖位于江苏省兴化市中堡镇和盐城市盐都区大纵湖镇交界处,湖泊保护总面积为 36.783 km²,是里下河地区最大且最深的湖泊,为盐城百万市民生活饮水的源头。大纵湖有丰富的湿地生态资源,享有"水乡泽国"、"鱼米之乡"盛誉,也有着隽永的人文历史。三国名士"建安七子"之陈琳、明末清初的大书法家宋曹皆生于斯、长于斯,而"扬州八怪"之一的郑板桥,也曾在此坐馆授徒,留下了千古佳话。如今,盐城境内的大纵湖旅游景区是国家 4A 级旅游景区,拥有"平湖秋月"、"纵湖秋色"等景点。

根据《兴化市城市总体规划（2013—2030）》要求,要借助于"千岛菜花"的知名度,整合周边湖泊河荡,建成集观光、休闲、娱乐、美食于一体的旅游区域。大纵湖和蜈蚣湖处都有重要湿地保护区,而现状规划景观湿地节点孤立,缺乏联系,需要以水为出发点,以水文化为内涵,构建基于水环境的景观生境安全格局和水文化格局。

深入挖掘农业生产性景观、水利设施、码头、有价值的村庄,将湖河水系串联,利用风景山林与周边乡镇串联,以水为中心,将湖泊群和乡村构建一个乡土景观安全格局:"两带两环"的乡土景观体验带,即中引河、鲤鱼河两带,大纵湖生态体验文化廊、蜈蚣湖湖乡野趣环廊两环。

兴化市境内大纵湖湖泊保护范围为 17.011 km²,目前,兴化市大纵湖退圩还湖正在规划阶段,根据当地需求,将着力打造成省级水利风景区。按照"严格保护、统一管理、合理开发、永续利用"的要求,遵循保护性开发的原则,打造以水情教育和文化体验为主,兼顾休闲观光的综合型水利风景区。进一步挖掘兴化境内古代治水工程、治水人物、治水事迹,以及当代特色水工程、水景观等。采用科普展示的方式展示大纵湖的形成与演变;并对千年"锅底洼"成水乡"聚宝盆"、从十年九灾到鱼米之乡、从人水相争到退渔还湖的治水历史，采用文字、图片、小品等方式进行文化展示，彰显当代、现代治水成效、治水精神，不断丰满水文化要素，并据此建成大纵湖水情教育基地（如图10.4-1所示）。

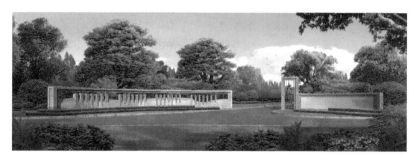

图 10.4-1　大纵湖水情教育基地示意图

（2）蜈蚣湖及蜈蚣湖南荡

蜈蚣湖又名吴公湖、吴翁湖，在兴化市北部，为古射阳湖经解体分化后的残迹湖之一。据清嘉庆《重修扬州府志》记载，因昔有吴公（吴高尚）隐居于此而得名。蜈蚣湖亦因位于中堡之南，与中堡之北的大纵湖南北相对，又有南湖或前湖之称谓。郑板桥曾有诗赞曰："半湾活水千江月，一粒沉沙万斛珠。"

根据现场调研，蜈蚣湖及南荡退圩还湖规划正在实施，规划湖区有三处湖心岛，湖心岛堤顶高程4.0～4.17 m，在三座岛中的中心岛构建一个动物安全格局，保护生物栖息地和生物迁徙中间通道，将动物保护从物种就地保护扩展为动物栖息地整体保护。位于中心岛两侧的两座岛规划定位为乡野趣味的休闲游憩，兼顾水文化、水生态科普。围绕兴化地域水文化，如"五湖十八荡、昭阳十二景、施耐庵与水浒传、郑板桥、竹泓木船技艺"等做水文章，结合退圩还湖工程，在近岸带生态修复、入湖河道综合整治、生态岛建设等生态工程中融合水文化建设，打造水工程与水文化融合的典范（如图10.4-2所示）。

图 10.4-2　蜈蚣湖景观岛内水文化展示广场示意图

10.5　生态农业典型工程

　　根据江苏省人民政府印发的《江苏省生态空间管控区域规划》（苏政发〔2020〕1 号），广洋湖西北角有鲁垛镇小槽河和柳堡镇仁里荡有机农业产业区，根据《宝应县城市总体规划（2016—2030）》，广洋湖大部分处在有机农业、生态旅游发展为主的东部片区，少部分处在以打造特色镇、发展红色旅游的东南片区（如图 10.5-1 所示）。

图 10.5-1　广洋湖有机农业和渔业旅游示意图

典型工程选取可采取生态渔业养殖与旅游结合的开发利用措施,包括:① 景观步道,以滨水活动为主,塑造亲水、可达的活动空间;② 供游客垂钓的钓鱼台;③ 湖区种植荷花等经济型水生植物,夏季可供游客观赏,秋季采摘,发展荷藕产业。

10.6　生物多样性保护典型工程

(1) 官垛荡——生物多样性保护兼顾生态养殖

根据高邮市城市总体规划,官垛荡规划为高邮市中部湿地生物多样性保育区。根据现状生物多样性数据表明,官垛荡水体生物多样性指数低,均匀度指数低,底栖生物数量低。

典型工程选取三阳河和新六安河交汇处,根据退圩还湖项目,采取如下三种模式进行生物多样性保护建设。① 全退模式:将围垦形成的养殖场围堤全部拆除推平,形成平缓的坡面,恢复并促进湿地的形成和发育,形成较大面积的滩涂,恢复水禽和滩涂底栖生物生境。该模式具有较好的生态效益,提高了生物多样性,但会付出一定经济成本。② 半退模式:西南部原规模养殖鱼塘拆除部分围堤,用桥与周围水系连通,形成较大面积且具备一定格局、彼此通连的围堤系统,该系统与浅水区域形成开放的滨岸湿地系统,充分利用围堤系统避风避浪的功能,进行产卵场及浅水生态系统恢复,构建生物链结构相对完整的围堤—浅水滨水湿地生态系统。该示范区域可以结合近自然生态养殖模式,使其具备较好的生态、经济综合效益。③ 通连模式:官垛荡退圩还湖后东西两块仅通过该处的新六安河连通,使该处在一定程度上恢复湿地水文特征,促进植被恢复,结合生态养殖,使该模式仍具备较高的经济效益,同时也使其成为鸥、鹭等滨水水禽的补充觅食地,增加生物的多样性,该模式强调通过河道体系的生态调度兼顾滨水湿地恢复与生态养殖的需求(如图 10.6-1 所示)。

图 10.6-1 官垛荡生物多样性兼顾生态养殖示意图

（2）东荡——生物多样性保护兼顾水上旅游

根据《盐城市盐都区王庄荡等五个湖荡退圩还湖专项规划》东荡土地利用方向为发展生态旅游，定位为滨水景观区、生态湿地等去进行开发，东荡是向下游西塘河水源地供水的调蓄水域，同时也是西塘河水源涵养区的上游水资源补给水域。东荡北部处在西塘河重要湿地，并且《盐城市里下河湖泊群水上旅游线路规划》中指出串联大纵湖、九龙口、马家荡及沿线荡区，并利用退圩还湖专项规划目标形成的大面积水面等潜在旅游资源，构建以"两湖十荡"为主体旅游区的水上游线。东荡范围内现有道路 X307 等道路分布其间，将与乡村旅游景观规划公路"绿色湿地呼吸之路"相衔接。根据水上旅游线路，及其水系与生物栖息地系统、游憩系统、文化遗产系统的关系，构建区域内的生态修复系统，形成以水系为骨架的网络格局，实现水系统的生态健康与安全，以旅游开发促进生物多样性的保护。

在东荡水上旅游线路两边湖区建立景观节点和观光带，包括湿地岛建设：利用拆除废弃的池塘围堤构建相对离岸的人工鸟岛，结合植被恢复，形成水禽隐蔽的栖息地和繁殖地。同时，借助部分保留的围堤和湿地岛建设隐蔽观鸟廊道和观鸟屋等设施，开展科普宣教和生态旅游活动,将水上旅游绿线建成水绿相融的"生态绿廊"。这是在为人们提供接近自然、感受自然的场地,为水禽、鱼类、鸟类提供洄游栖息繁衍之地,也是为城市生态环境提供一条安全庇护地带。在滨河绿地不同区段规划布局生态环保林、防护林、森林公园、植物科普园,促进生态良性循环。善用植物的季相变化,采用大绿、大色块的对比手法,营造四季景观,展现滨河绿地植物配置色彩的多样性和林际线的曲线美。注重植物品种的多样性和植物的亲水特点,丰富植物品种,增强林带的稳定性及对病虫害的抵御能力。植物配置要点、线、面相结合,突出空间层次变化、景观效果和艺术魅力(如图10.6-2 所示)。

图 10.6-2　东荡水上旅游生态廊道示意图

第十一章

结语

（1）里下河腹部地区湖泊湖荡水质为Ⅲ～劣Ⅴ类，总体上非汛期优于汛期，可能与汛期面源负荷影响及夏季水产养殖饵料投放有关；南部湖泊湖荡水质最好，中部最差，主要与里下河地形特征和引调江水布局有关。湖泊湖荡基本处于或高于轻度富营养状态。湖泊湖荡中水体汞含量普遍偏高，可能是受历史燃煤发电的影响，较高的汞含量会影响饮用水及水产品安全。湖泊湖荡抗生素检出总含量为0.21～16.29 g/kg，其中上覆水只检出磺胺二甲嘧啶；沉积物共检出土霉素、金霉素、四环素、恩诺沙星、氧氟沙星5种抗生素，沉积物孔隙水中检出了土霉素和四环素。

（2）里下河地区湖泊湖荡生境与环境因子关系分析表明，非汛期，湖泊湖荡中浮游植物优势种为啮蚀隐藻、四尾栅藻、梅尼小环藻，其中啮蚀隐藻属好污性物种，四尾栅藻属耐污性物种、梅尼小环藻为富营养化水体的指示物种；汛期，浮游植物优势种为二形栅藻、四尾栅藻和双尾栅藻，主要和汛期水体搅动大，水量增加，营养盐相对稀释有关。湖泊湖荡底栖动物中未筛选出清洁种，摇蚊幼虫可作为环境污染指示物种。

（3）通过长时间序列 Landsat 遥感数据分析里下河地区湖泊湖荡景观格局时空演变。20世纪80年代以来湖泊湖荡由自由水面和湖荡湿地快速演变为围圩、养殖，景观斑块破碎化程度加剧，人类活动是里下河地区湖泊湖荡景观格局演变的主要驱动因素。景观破碎化程度越高，水环境质量越差。南部湖泊湖荡整体生境质量状况较好且生境退化程度较低,中部大纵湖和南部喜鹊湖主要斑块类型为自由水面,生境退化程度较低,与水环境水生态评价结果一致。里下河地区湖泊湖荡整体健康状况不佳,近年来部分湖泊实施退圩还湖,恢复了自由水面,改善了生态环境,效果显著。

(4) 基于"压力-状态-响应"(PSR)的湖泊湖荡生态系统健康综合分析方法,评价了里下河地区湖泊湖荡水生态系统健康状况,健康等级分为亚健康、不健康及病态 3 类,其中亚健康湖泊湖荡 9 个,不健康湖泊湖荡 28 个,病态湖泊湖荡 2 个。基于湖泊湖荡水环境、水生态特征及主体功能定位,将其生态功能划分为洪水滞蓄、水源水质保护、湿地生态系统保护、生物多样性保护、种质资源保护等。

(5) 依据里下河地区湖泊湖荡的生态环境问题及特征,提出了空间上分类治理、时间上有序治理的湖泊湖荡生态治理格局优化方案,形成"退圩还湖-河湖连通-水质净化-空间优化"的水生态修复总体思路。由于历史上的围垦、圈圩养殖等开发利用活动,目前,里下河湖泊湖荡自由水面面积仅 58.5 km²,未来在逐步实施退圩还湖、恢复自由水面基础上,结合湖泊湖荡生态功能定位和需求,优化生态治理布局,逐步恢复湖泊湖荡自身生态功能和水生态系统健康。

(6) 里下河地区湖泊湖荡的生态修复是一个长期的过程,未来在收集里下河地区不同年份和季节的水质水生态数据资料和污染负荷资料基础上,结合底泥沉积物柱状采样分析,进一步深入研究历史水质水生态变化特征及其影响因素。继续跟踪里下河地区水质水生态的动态变化,为湖泊湖荡治理和保护提供基础。

(7) 水生态系统服务是指人类从水生态系统中获得的直接或间接的收益,是水生态修复效益的直接体现。未来研究中应综合当前已经制定的退圩还湖规划等,从景观生态学角度深入分析退圩还湖的生态效益,核算湖泊湖荡的水生态修复效益,为退圩还湖提供科学依据。

(8) 里下河地区是典型的平原河网地区,河湖纵横交错,湖泊湖荡与河道关系密不可分,未来需要在调查分析河湖连通状况与特征基础上,系统研究区域河湖连通布局及其对防洪除涝、水资源供给、水生态环境等的影响,为优化区域河网水系布局,有效发挥河湖综合功能提供支撑。

参考文献

［1］NILES R K，FRECKMAN D W．From the groud up：Nematode ecology in bioassessment and ecosystem health ［J］．Plant and Nematode Interactions，1998，36：65-85．

［2］BRAZNER J C，DANZ N P，NIEMI G J，et al．Evaluation of geographic，geomorphic and human influences on Great Lakes wetland indicators：A multi-assemblage approach［J］．Ecological Indicators，2007，7：610-635．

［3］CHUVIECO E．Intergration of linear programming and GIS for land-use modeling［J］．International Journal on Geographical Information System，1993，7：71-83．

［4］DAVID M．An assessment of surface and zonal models of population［J］．International Journal of Geographic Information System，1996，10(8)：973-989．

［5］EASTMAN J R，JIN W，KYEM P A K，et al．Raster procedures for multi-criteria/multi-objective decisions［J］．Photogrammetric Engineering & Remote Sensing，1995，61(5)：539-547．

［6］FU H，LIU X，SUN Y．The application of RS in wetland ecosystem health assessment：A case study of Dagu River Estuary［C］．International Workshop on Education Technology & Training．IEEE，2009．

［7］GERAKIS A，KALBURTJI K. Agricultural activities affect-
ing the functions and values of Ramsar wetland sites of
Greece［J］. Agriculture，Ecosystems & Environment，1998，
70(2)：119-128.

［8］GUAN W B，XIE C H，MA K M，et al. Landscape ecological
restoration and rehabilitation is a key approach in regional
pattern design for ecological security［J］. Acta Ecologica Sini-
ca，2003，23(1)：64-73.

［9］HODSON P. Indicators of ecosystem health at the species
level and the example of selenium effects on fish［J］. Environ-
mental Monitoring & Assessment，1990，15(3)：241.

［10］KNAAPEN J P，SCHEFFER M，HARMS B. Estimating
habitat isolation in landscape planning［J］. Landscape and Ur-
ban Plan，1992，23：1-16.

［11］KARR J. Health，integrity，and biological assessment：The
importance of measuring whole things. Ecological integrity：
integrating environment，conservation，and health［M］.
Washington，DC：Island Press，2000：209-226.

［12］LADSON A，WHITE L. An index of stream condition：Ref-
erence manual (second edition)［R］. Melboumn：Department
of Natural Resources and Environmen，1999：1-65.

［13］LU Z Q，LI G P，ZHANG G Y，et al. Ecosystem health as-
sessment based on variable fuzzy evaluation model in Dongs-
han Bay，Fujian，China［J］. Acta Ecologica Sinica，2015，35
(14)：4907-4919.

［14］MEGHNA B S，ROBERT C B，LENORE P T. Multiobjec-
tive optimization for wetland restoration site selection-Eagle
Creek Watershed，Indiana，USA［J］. EWRI's 3rd Developing
Nations Conference，2010 (1)：1-2.

[15] RAPPORT D, GAUDET C, CALOW P. Evaluating and monitoring the health of large scale ecosystem[C]. Global Envieonment Change Proceedings of the NATO Advanced Research Workshop, 1993, 28: 5-39.

[16] RAPPORT D. The stress response environmental statistical system and its applicability to the Laurentian Lower Great Lakes[J]. Statistical Journal of the United Nations ECE, 1981, 1: 377-405.

[17] RAVEN P J, HOLMES N T, DAWSON F H, et al. Quality assessment using river hibitat survey data[J]. Aquatic Conservation, 1998, 8: 477-499.

[18] REYNOLDSON T , METCALFESMITH J . An overview of the assessment of aquatic ecosystem health using benthic invertebrates[J]. Journal of Aquatic Ecosystem Health, 1992, 1(4): 295-308.

[19] SCHAEFFER D, HENRICKS E, KERSTER H. Ecosystem health: 1. Measuring ecosystem health[J]. Environmental Management, 1990, 12: 445-455.

[20] WANG S G, ZHENG Y H, PENG Y S, et al. Health assessment of Qi'ao Island mangrove wetland ecosystem in Pearl River Estuary[J]. Journal of Applied Ecology, 2010, 21(2): 391-398.

[21] WARNTZ W. Geography and the properties of surfaces: spatial order-concepts and applications[D]. Harvard: Harvard University, 1967.

[22] YUE T X, LIU J Y, RGENSEN S, et al. Landscape change detection of the newly created wetland in Yellow River Delta [J]. Ecological Modelling, 2003, 164: 21-31.

[23] 蔡玉梅, 董诈继, 邓红蒂, 等. 土地利用规划研究进展评述

[J]. 地理科学进展，2005，24(1)：70-78.

[24] 陈利顶，傅伯杰，赵文武."源""汇"景观理论及其生态学意义[J].生态学报，2006，26(5)：1444-1449.

[25] 仇恒佳. 环太湖地区景观格局变化与优化设计研究——以苏州市吴中区为例[D]. 南京：南京农业大学，2005.

[26] 崔桢，沈红，章光新. 3个时期莫莫格国家级自然保护区景观格局和湿地水文连通性变化及其驱动因素分析[J]. 湿地科学，2016，14(6)：866-873.

[27] 邓茂林. 若尔盖国家级自然保护区景观格局变化及驱动力[D]. 昆明：西南林业大学，2010.

[28] 高小永. 基于多目标蚁群算法的土地利用优化配置[D]. 武汉：武汉大学，2010.

[29] 高占国，朱坚，翁燕波，等. 多尺度生态系统健康综合评价——以宁波市为例[J]. 生态学报，2010，30(7)：1706-1717.

[30] 韩文权，常禹，胡远满，等. 景观格局优化研究进展[J]. 生态学杂志，2005，24(12)：1487-1492.

[31] 何欣霞，陈诚，董建玮，等. 江苏里下河腹部地区湖泊湖荡春季浮游植物群落结构及营养状态[J]. 环境科学学报，2019，39(8)：2626-2634.

[32] 何新，姜广辉，张瑞娟，等. 基于PSR模型的土地生态系统健康时空变化分析——以北京市平谷区为例[J]. 自然资源学报，2015，30(12)：91-102.

[33] 胡志新，胡维平，谷孝鸿，等. 太湖湖泊生态系统健康评价[J]. 湖泊科学，2005，17(3)：256-262.

[34] 鞠永富. 小兴凯湖水生生物多样性及生态系统健康评价[D]. 哈尔滨：东北林业大学，2018.

[35] 李冰，杨桂山，万荣荣. 湖泊生态系统健康评价方法研究进展[J]. 水利水电科技进展，2014，34(6)：98-106.

[36] 李瑾，安树青，程小莉，等. 生态系统健康评价的研究进展[J].

植物生态学报，2001，25(6)：641-647.

[37] 李中才，徐俊艳，姬宇. 基于改进生态足迹的区域生态安全评价研究——以山东省长岛县为例[J]. 农业系统科学与综合研究，2011，27(3)：268-272.

[38] 刘志伟. 基于的湿地景观格局变化生态响应分析——以杭州湾南岸地区为例[D]. 杭州：浙江大学，2014.

[39] 陆丽珍，詹远增，叶艳妹，等. 基于土地利用空间格局的区域生态系统健康评价——以舟山岛为例[J]. 生态学报，2010，30(1)：245-252.

[40] 麦少芝，徐颂军，潘颖君. PSR 模型在湿地生态系统健康评价中的应用[J]. 热带地理，2005，25(4)：317-321.

[41] 毛媛媛，兰林. 里下河地区河湖水生态保护与修复措施研究[J]. 水论坛，2015，3：1-5.

[42] 孟顺龙，肖代，陈小丽，等. 里下河腹地典型水体秋季浮游植物生态学特征[J]. 浙江农业学报，2015，27(11)：1998-2005.

[43] 彭涛，王珍，赵乔，等. 基于压力-状态-响应模型的黄柏河生态系统健康评价[J]. 水资源保护，2016，32(5)：141-145.

[44] 祁帆，李晴新，朱琳. 海洋生态系统健康评价研究进展[J]. 海洋通报，2007，26(3)：97-104.

[45] 邱扬，傅伯杰. 土地持续利用评价的景观生态学基础[J]. 资源科学，2000，22(6)：1-8.

[46] 石洲岑. 里下河地区湖荡资源开发与滞涝[J]. 治淮，1991(7)：14-15.

[47] 孙贤斌，刘红玉. 基于生态功能评价的沼泽湿地景观格局优化及其效应——以江苏盐城滨海沼泽湿地为例[J]. 生态学报，2010，30(5)：1157-1166.

[48] 汪雪格. 吉林西部生态景观格局变化与空间优化研究[D]. 长春：吉林大学，2008.

[49] 王瑶，宫辉力，李小娟. 基于最小累计阻力模型的景观通达性

分析[J]. 地理空间信息，2007，5(4)：45-47.

[50] 武兰芳，欧阳竹，唐登银. 区域农业生态系统健康定量评价[J]. 生态学报，2004，24(12)：2740-2748.

[51] 夏宏生，蔡明，向欣. 人工沼泽湿地优化设计研究[J]. 人民黄河，2008，30(7)：54-56.

[52] 肖明. GIS 在流域生态环境质量评价中的应用——以昌化江下游为例[D]. 海口：海南大学，2011.

[53] 徐菲，赵彦伟，杨志峰，等. 白洋淀生态系统健康评价[J]. 生态学报，2013，33(21)：6904-6912.

[54] 杨小雄，刘耀林，王晓红，等. 基于约束条件的元胞自动机土地利用规划布局模型[J]. 武汉大学学报(信息科学版)，2007，32(12)：1164-1167+1185.

[55] 杨一鹏，蒋卫国，何福红. 基于 PSR 模型的松嫩平原西部湿地生态环境评价[J]. 生态环境学报，2004，13(4)：597-600.

[56] 杨予静，李昌晓，热玛赞. 基于 PSR 框架模型的三峡库区忠县汝溪河流域生态系统健康评价[J]. 长江流域资源与环境，2013(S1)：66-74.

[57] 于海鹏. 基于小波方法的扎龙湿地景观动态特征分析及驱动力识别[D]. 哈尔滨：哈尔滨师范大学，2017.

[58] 张藜. 基于景观生态理论的三江源湿地生态健康评价[D]. 西安：陕西科技大学，2016.

[59] 张贤芳. 苏北里下河地区末次冰期中晚期气候与环境演变研究[D]. 南京：南京师范大学，2012.

[60] 张小林. 里下河地区湖荡湿地生态环境需水量研究[D]. 扬州：扬州大学，2006.

[61] 章家恩，骆世明. 农业生态系统健康的基本内涵及其评价指标[J]. 应用生态学报，2004，15(8)：1473-1476.

[62] 赵景柱. 景观生态空间格局动态度量指标体系[J]. 生态学报，1990，10(2)：182-186.